琼海—万宁海岸带地区
生态–资源–环境图集

中国地质调查局海口海洋地质调查中心　编著

海洋出版社
2023年·北京

图书在版编目（CIP）数据

琼海—万宁海岸带地区生态-资源-环境图集 / 中国地质调查局海口海洋地质调查中心编著.— 北京：海洋出版社，2022. 10

ISBN 978-7-5210-1013-8

Ⅰ. ①琼… Ⅱ. ①中… Ⅲ. ①海岸带－沿岸资源－资源开发－琼海－图集 ②海岸带－沿岸资源－资源开发－万宁－图集 Ⅳ. ①P748-64

中国版本图书馆CIP数据核字（2022）第179567号

审图号：琼S（2022）078号

琼海—万宁海岸带地区生态-资源-环境图集

Atlas of Ecology-Resources-Environment in Qionghai—Wanning Coastal Zone

责任编辑：高朝君

责任印制：安　森

海洋出版社　出版发行

http: //www. oceanpress.com.cn

北京市海淀区大慧寺路8号　邮编：100081

鸿博昊天科技有限公司印刷

2022年10月第1版　2023年10月北京第1次印刷

开本：850mm×1168mm　1/8　印张：10

字数：110千字　定价：158.00元

发行部：010-62100090　总编室：010-62100034

海洋版图书印、装错误可随时退换

《琼海—万宁海岸带地区生态-资源-环境图集》

指导委员会

主　　任：何　兵　赵晓东

副 主 任：万晓明　王达成　韦成龙　黄　诚　刘　胜

特邀专家：杨慧良　印　萍　肖国强

编写委员会

主　　编：宋艳伟　傅开哲　符国伟　袁　坤　万晓明

编　　委：王照翻　安梦阳　郝润波　彭林浩　蒋俊祎
何明光　高方艺　李忠飞　符　秒　李习文
龙军桥　许　洁　陈泽恒　卢裕威　王　洋
王万虎　王红兵　义家吉　寇　磊　袁　源
魏通通　朱正辛　李　敏　汪斯毓　裴丽欣
张　欢　王仕胜　樊世超　张云锺　林　聪
郭兴国　沈　成　常建宇　刘雨飞

Preface 前　言

2018年4月，党中央决定支持海南全岛建设自由贸易试验区，支持海南逐步探索、稳步推进中国特色自由贸易港建设，分步骤、分阶段建立自由贸易港政策和制度体系，这是我国改革开放历史上的又一壮举。2019年5月，《国家生态文明试验区（海南）实施方案》出台。海南省在贯彻落实党中央、国务院关于生态文明建设总体部署的同时，将进一步发挥生态优势，深入开展生态文明体制改革综合试验，建设国家生态文明试验区。在中央对海南发展提出新要求的形势下，以精准服务海南自由贸易港和“国家生态文明试验区（海南）”为导向，在海岸带地区开展更为翔实的生态环境地质调查显得尤为重要。

海岸带作为海洋要素资源的富集区和发展海洋经济的依托地，拥有丰富的生态系统和自然资源，是建设“国家生态文明试验区”的主战场。海岸带生态系统与其所处的地质环境息息相关，在很大程度上受控于区域地球化学背景和地质环境条件，因此海岸带生态文明建设的推进，必须以更为翔实的区域生态地质基础数据为支撑。我国海岸带地区综合调查研究起步较晚。2003年，党中央、国务院批准实施“我国近海海洋综合调查与评价”专项（以下简称“908专项”），拉开了中华人民共和国成立以来最大规模的近海海洋综合调查与评价的序幕。908专项成果之一——《中国近海海洋图集——海南省海岛海岸带》全面、直观、形象地反映了海南省管辖范围内海岛分布和海南岛及周边海域地理自然环境，包括海岸线、地貌、潮间带沉积物、潮间带沉积物化学、潮间带底栖生物、植被、滨海湿地、主要海洋保护区等，为海南省国土空间规划与生态保护红线划定提供了宝贵数据。

推动海南全面深化改革开放，建设海南自由贸易试验区、自由贸易港、生态文明试验区，是党中央、国务院赋予海南的历史使命。如何充分发挥各沿海城镇生态和资源优势，编制科学合理的国土空间规划蓝图是海南省当前的一项重要任务。这既需要对以往成果进行梳理和集成，又需要对各市县生态、资源和环境进行针对性的调查研究。中国地质调查局海口海洋地质调查中心以海南省东部中心城市——琼海市和万宁市为例开展了琼海—万宁海岸带综合地质调查，聚焦琼海市和万宁市“农业对外开放合作试验区”“热带滨海旅游度假目的地”等规划定位，以土壤、岸线、重要生态功能区等为调查对象，充分利用地质调查、遥感、地球物理探测、地球化学测量等多种高新技术调查手段，在琼海—万宁沿海12个乡镇和50 m水深以浅的近岸海域开展调查研究，基本查明了琼海—万宁防护林、湿地等自然资源禀赋，侵蚀淤积空间分布及动态变化规律，土壤类型及地球化学元素空间分布特征。

中国地质调查局海口海洋地质调查中心在综合调查研究成果的基础上，编制了《琼海—万宁海岸带地区生态-资源-环境图集》（以下简称《图集》）。《图集》采用CGCS 2000国家大地坐标系，高程基准面采用1985国家高程基准，采用高斯-克吕格6度带投影，中央经线111°，内容分为6部分，共55幅图件。

《图集》从基础地理与背景、自然资源、基础地质、工程与环境地质、地球化学、资源-环境-生态评价六个方面着手，介绍了琼海—万宁海岸带地区生态、资源、环境特征及分布规律；依托土壤地球化学数据对该地区土壤环境、土壤养分、生态环境质量等方面进行了多要素评价；通过遥感解译和岸滩剖面监测对海岸侵蚀淤积的空间分布及时空演化规律进行了总结和图面化表达。《图集》填补了海南岛东部海岸带地区陆海统筹综合性图集的空白，可为海南岛东部海岸带地区国土空间规划优化、资源开发管理、海洋环境保护和沿海地区社会经济可持续发展等提供科学依据与支撑，具有较强的科学性和实用性。《图集》中相关调查数据的截止日期为2022年6月。

地理底图图例

◎ 县级行政中心	国道
⊙ 乡镇级行政中心	省道
市、县界	县道
镇界	高铁
河流、水库	高速公路

Contents 目 录

1 基础地理与背景

2 自然资源

3 基础地质

4 工程与环境地质

5 地球化学

6 资源-环境-生态评价

1 基础地理与背景

琼海—万宁海岸带地区生态-资源-环境图集

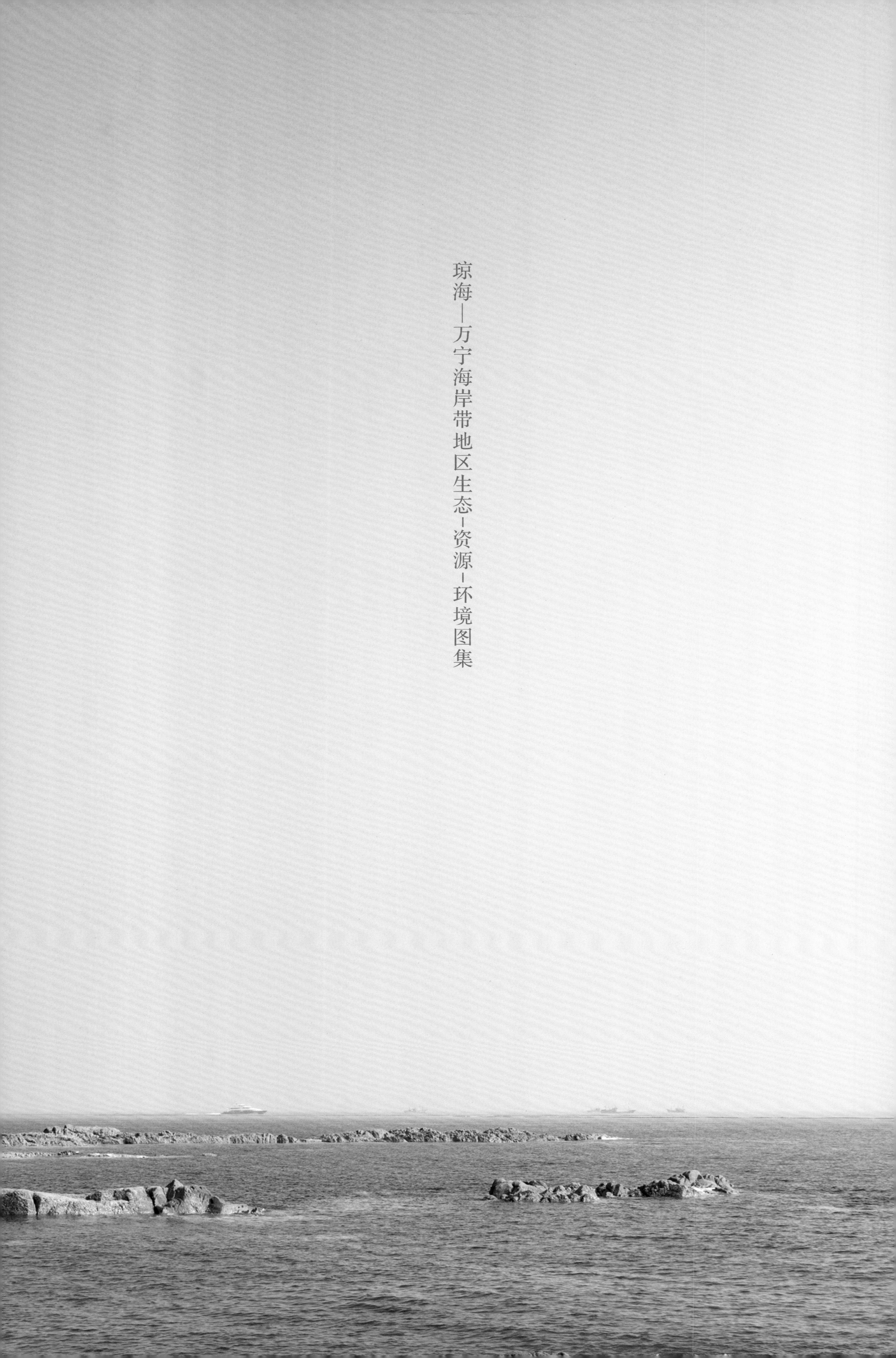

1.1　琼海—万宁区域海岸带地区卫星影像图

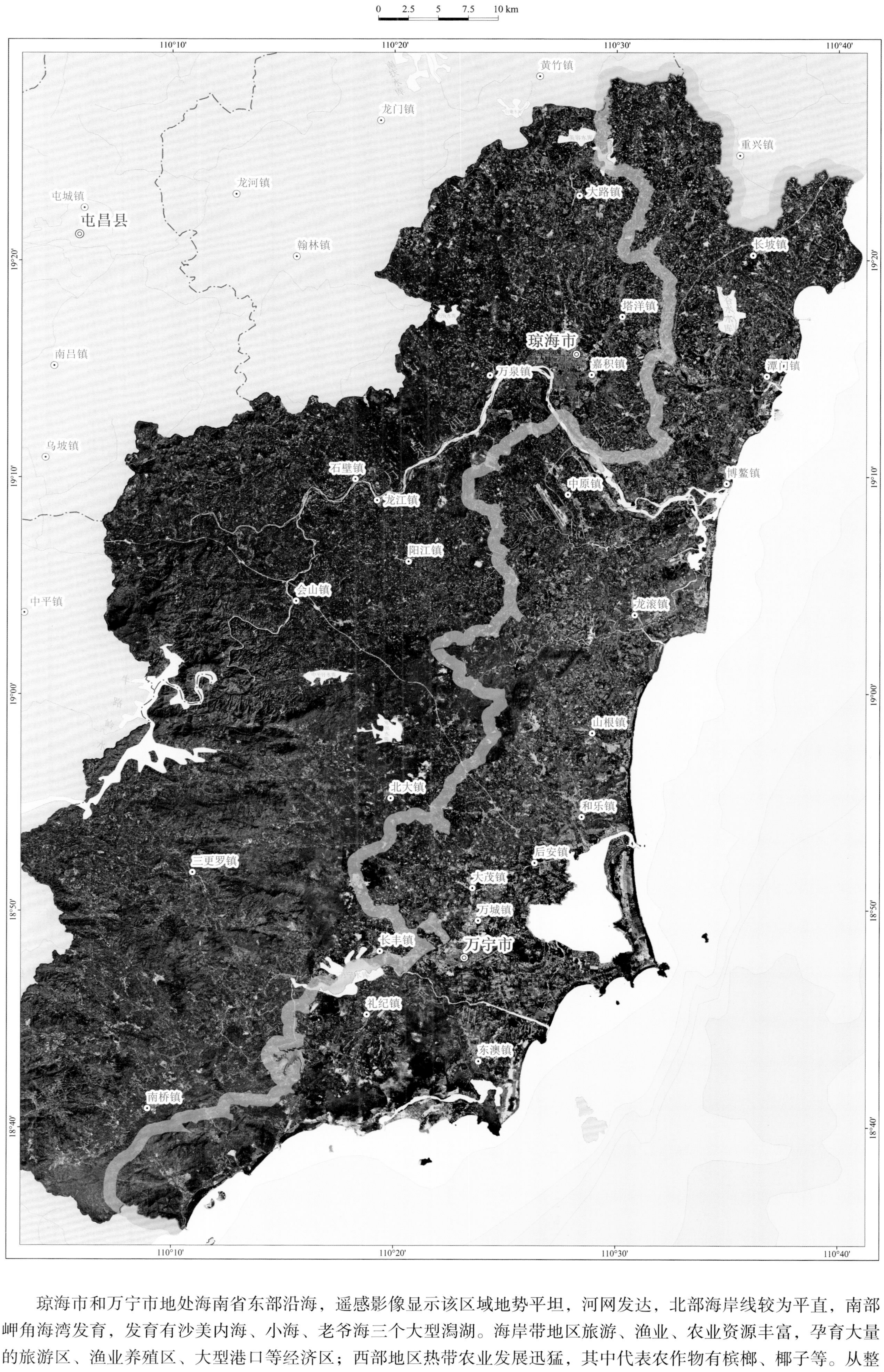

琼海市和万宁市地处海南省东部沿海，遥感影像显示该区域地势平坦，河网发达，北部海岸线较为平直，南部岬角海湾发育，发育有沙美内海、小海、老爷海三个大型潟湖。海岸带地区旅游、渔业、农业资源丰富，孕育大量的旅游区、渔业养殖区、大型港口等经济区；西部地区热带农业发展迅猛，其中代表农作物有槟榔、椰子等。从整体上看，琼海—万宁海岸带地区土地资源利用程度相对较低。

1.2 琼海—万宁海岸带地区行政区划图

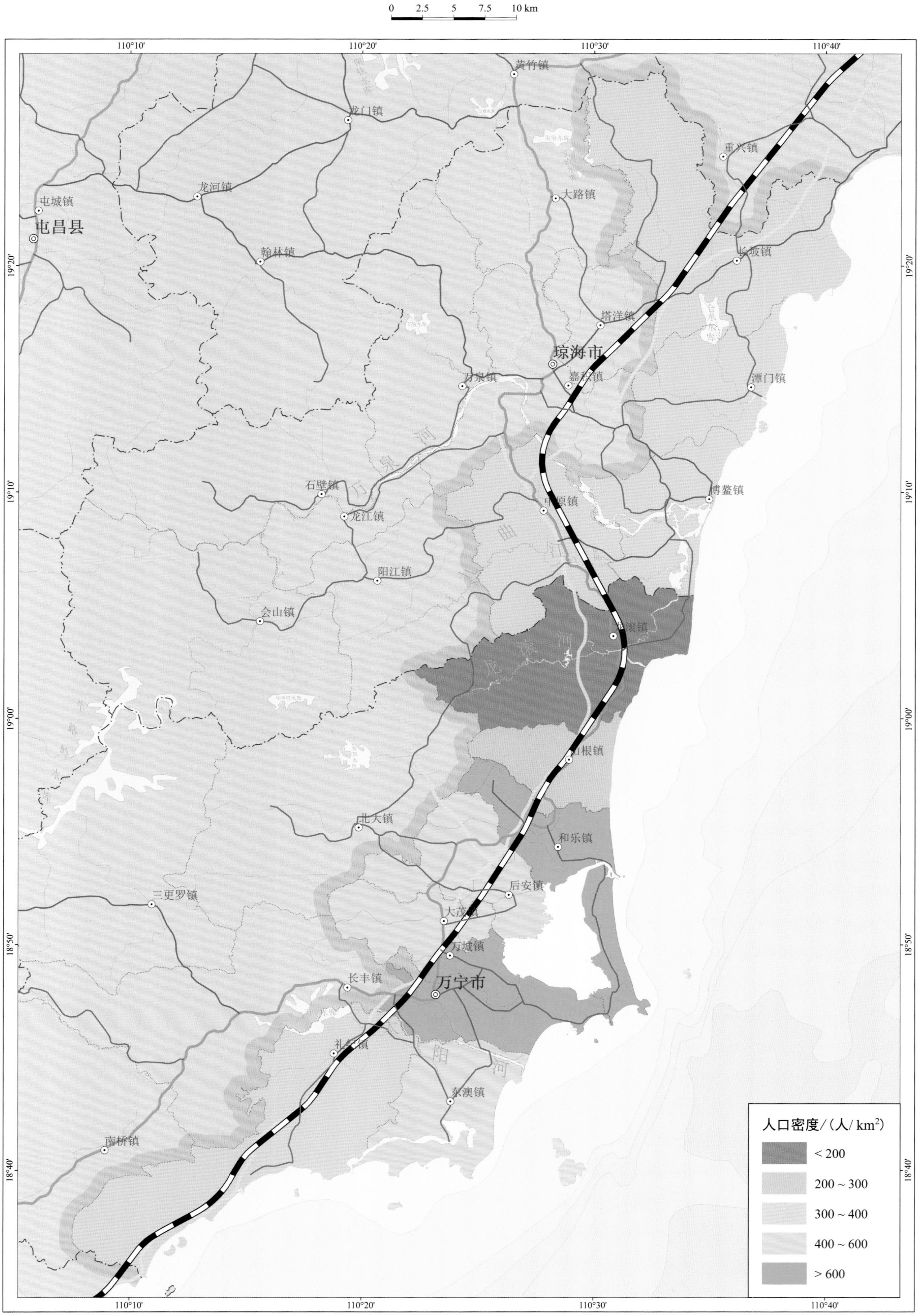

琼海—万宁海岸带地区范围包括琼海市和万宁市沿海乡镇陆域及距岸线 30 km 以内或 50 m 水深以浅近海海域，陆域面积为 1 313.32 km^2。其中含琼海市长坡镇、潭门镇、博鳌镇、中原镇 4 个镇，万宁市龙滚镇、山根镇、和乐镇、后安镇、大茂镇、万城镇、礼纪镇、东澳镇 8 个镇。该海岸带地区内人口约 48 万人，人口密度整体较小，仅万宁市万城镇及和乐镇人口密度达到 600 人/km^2，而龙滚镇人口密度不到 200 人/km^2。

1.3 琼海—万宁海岸带地区地形地势图

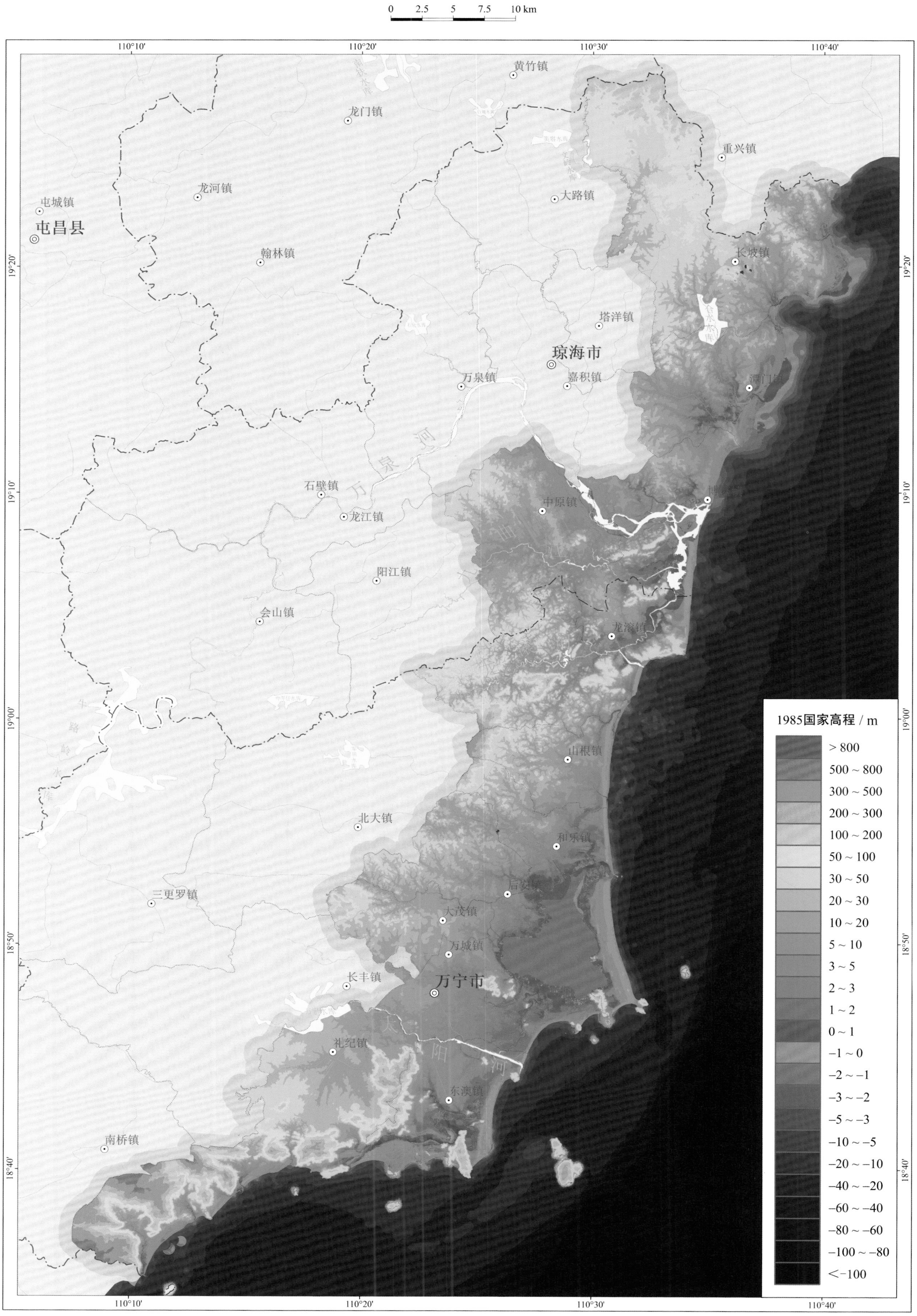

琼海—万宁海岸带地区地势空间分布较为规律，由西向东，由陆向海平缓过渡，整体海拔呈南高北低分布，东部沿海区域地势平坦，多为滨海平原。陆域高程大部分在30m以下，低洼地带主要分布在沙美内海、小海、老爷海3个潟湖区域。南部礼纪镇和东澳镇山区高程大于800m，属于低山丘陵区。琼海—万宁海岸带地区海域水深一般在−100m以内，南部海域水深在60m左右，北部海域水深在50m左右，属浅海海域，北部零星分布有滩涂，水深为−5m。

1.4 琼海—万宁海岸带地区坡度分级图

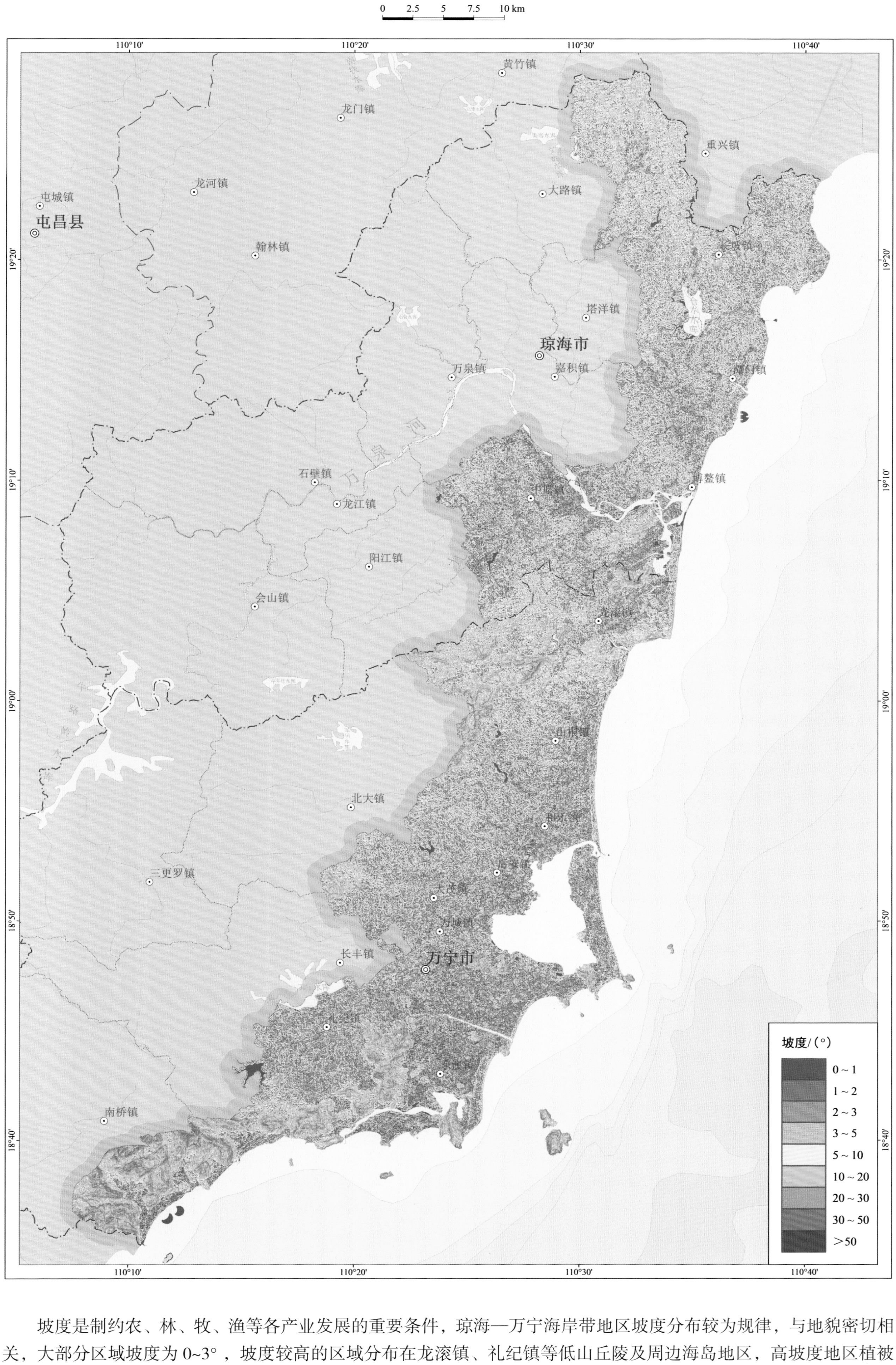
0 2.5 5 7.5 10 km
110°10'
110°20'
110°30'
110°40'
19°20'
19°10'
19°00'
18°50'
18°40'
黄竹镇
龙门镇
重兴镇
龙河镇
屯城镇
屯昌县
大路镇
翰林镇
塔洋镇
琼海市
万泉镇
嘉积镇
博鳌镇
石壁镇
龙江镇
阳江镇
会山镇
北大镇
三更罗镇
长丰镇
万宁市
礼纪镇
南桥镇
坡度/(°)
0 ~ 1
1 ~ 2
2 ~ 3
3 ~ 5
5 ~ 10
10 ~ 20
20 ~ 30
30 ~ 50
>50

坡度是制约农、林、牧、渔等各产业发展的重要条件，琼海—万宁海岸带地区坡度分布较为规律，与地貌密切相关，大部分区域坡度为0~3°，坡度较高的区域分布在龙滚镇、礼纪镇等低山丘陵及周边海岛地区，高坡度地区植被类型多为林地，部分区域开发为槟榔林、橡胶林等经济作物园地。通过分析坡度条件与城乡规划、产业布局现状，认为琼海—万宁海岸带地区国土空间整体规划布局较为合理。

1.5 琼海—万宁海岸带地区地貌图

琼海—万宁海岸带地区地处海南省东部沿海地区，区内地貌特征明显，整体地势较为平整，总体呈西北高东南低的分布特点。琼海市区域内的地貌类型划分为台地区和平原区。万宁市地貌特征明显，东部、北部地势平坦，西南部地势起伏较大。万宁市区域内的地貌类型有三种：低山与丘陵区、剥蚀堆积平原区、河流阶地及滨海平原区。

2 自然资源

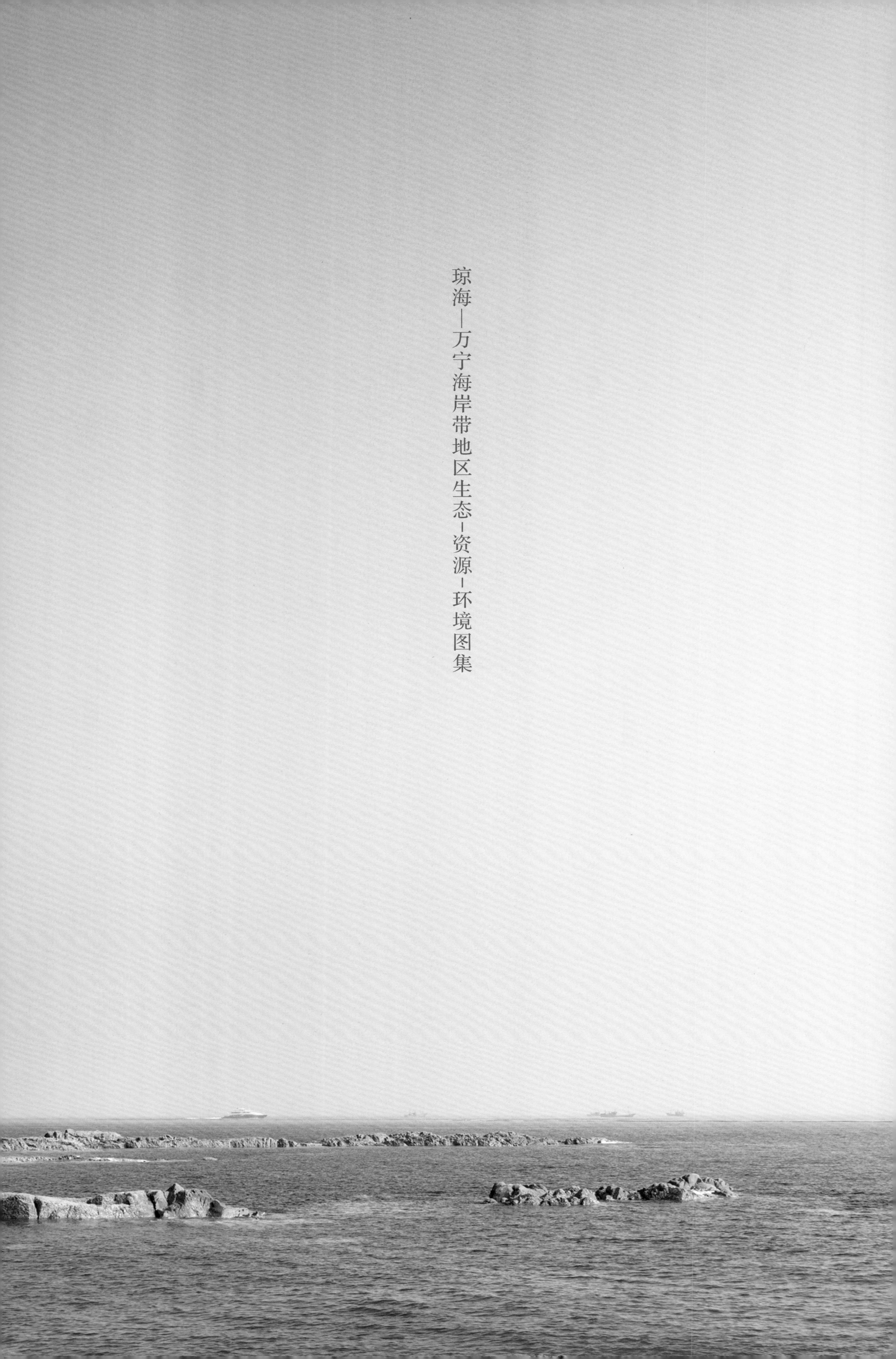

琼海—万宁海岸带地区生态-资源-环境图集

2.1 琼海—万宁海岸带防护林分布图

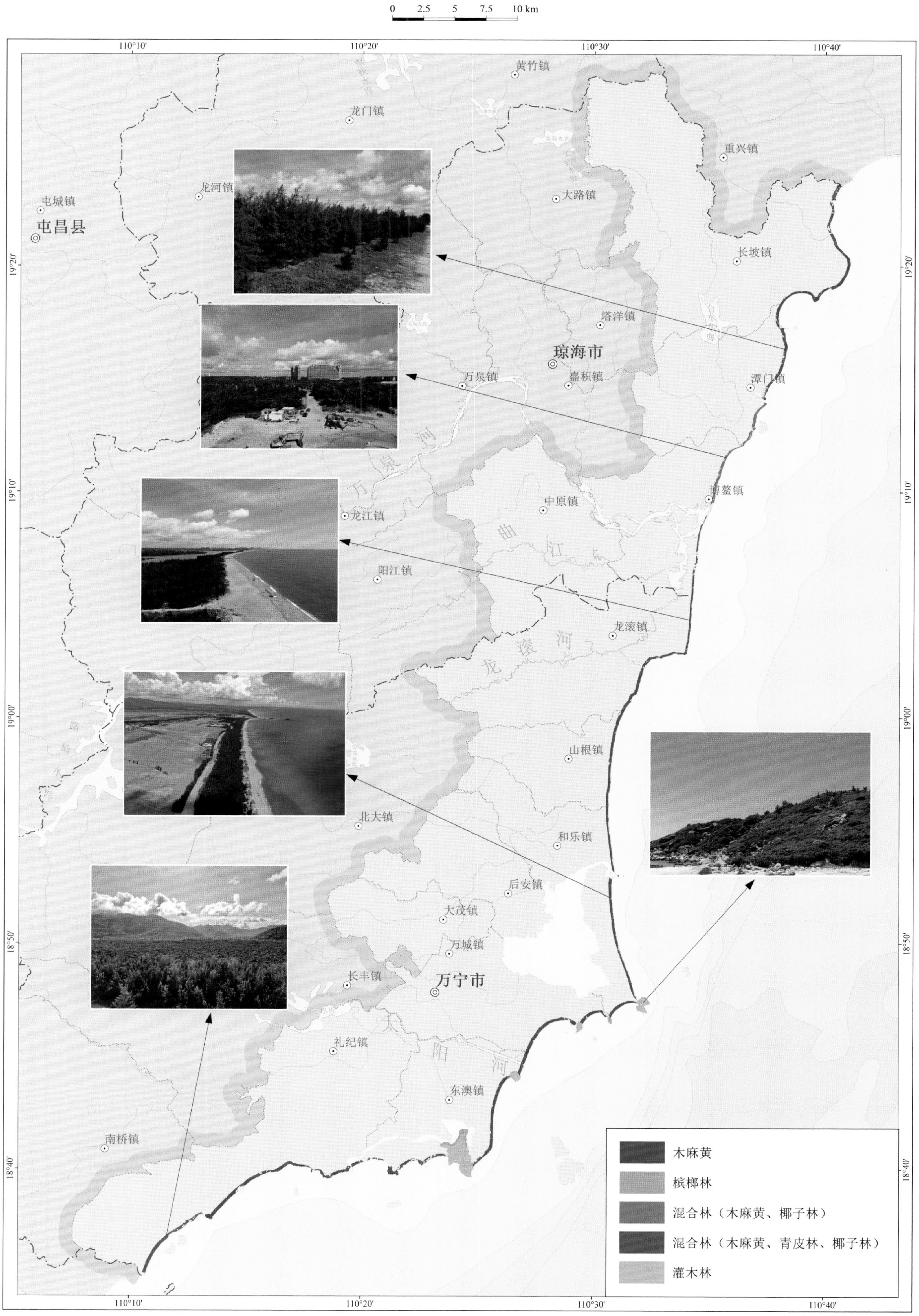
0 2.5 5 7.5 10 km
110°10′
110°20′
110°30′
110°40′
19°20′
19°10′
19°00′
18°50′
18°40′
黄竹镇
龙门镇
重兴镇
龙河镇
大路镇
屯城镇
屯昌县
长坡镇
塔洋镇
琼海市
万泉镇
嘉积镇
潭门镇
万泉河
博鳌镇
中原镇
龙江镇
曲江
阳江镇
龙滚镇
龙滚河
山根镇
北大镇
和乐镇
后安镇
大茂镇
万城镇
长丰镇
万宁市
礼纪镇
太阳河
东澳镇
南桥镇
木麻黄
槟榔林
混合林（木麻黄、椰子林）
混合林（木麻黄、青皮林、椰子林）
灌木林

琼海—万宁区域防护林从北到南沿海岸线展布，以人工种植为主，分布面积约 28.3 km^2。其中，分布面积最广的优势树种为木麻黄，其次为灌木林、椰子林、槟榔林等。旅游经济发展较好的博鳌镇、日月湾区域因开发旅游，将原有木麻黄部分保留，其余替种为景观椰子树并保留原有青皮树林，部分区域因发展养殖业导致防护林遭到一定的破坏。灌木林集中分布在万宁市南部沿海岬角区域，下部多为基岩岸线。琼海—万宁区域内防护林状况良好，其作为有效抵御台风、风暴潮等极端气候事件的重要屏障，可减小极端天气给沿海居民造成的不良影响。

2.2 琼海—万宁海岸带地区湿地分布图

0 2.5 5 7.5 10 km
110°10′
110°20′
110°30′
110°40′
19°20′
19°10′
19°00′
18°50′
18°40′
黄竹镇
龙门镇
重兴镇
屯城镇
屯昌县
龙河镇
大路镇
翰林镇
长坡镇
塔洋镇
琼海市
万泉镇
嘉积镇
潭门镇
万泉河
博鳌镇
石壁镇
中原镇
龙江镇
曲江
阳江镇
会山镇
龙滚镇
龙滚河
山根镇
北大镇
和乐镇
后安镇
三更罗镇
大茂镇
万城镇
长丰镇
万宁市
太阳河
礼纪镇
东澳镇
南桥镇
湿地类型
滨海湿地
河流湿地
人工湿地

琼海—万宁海岸带地区湿地类型可划分为人工湿地、河流湿地和滨海湿地 3 种类型。人工湿地面积约 180.4km^2，主要为人工养殖塘及水库坑塘，呈面状散布于东部及南部区域，其中潟湖周边密集程度较高；区内河流水系发育，河流湿地面积 7.02km^2，集中分布于各大水系流经区域，如万泉河、龙滚河、太阳河等周边；滨海湿地面积 32km^2，主要分布于东部沿海 6m 以浅的海域及三大潟湖和周边岛屿，区内滨海湿地资源丰富，目前开发利用程度较低，保护较好。其中，大洲岛自然保护区为国家级海洋生态自然保护区，青皮林自然保护区为省级重点风景名胜区和自然保护区。

2.3 琼海—万宁海岸带地区土壤类型分区图

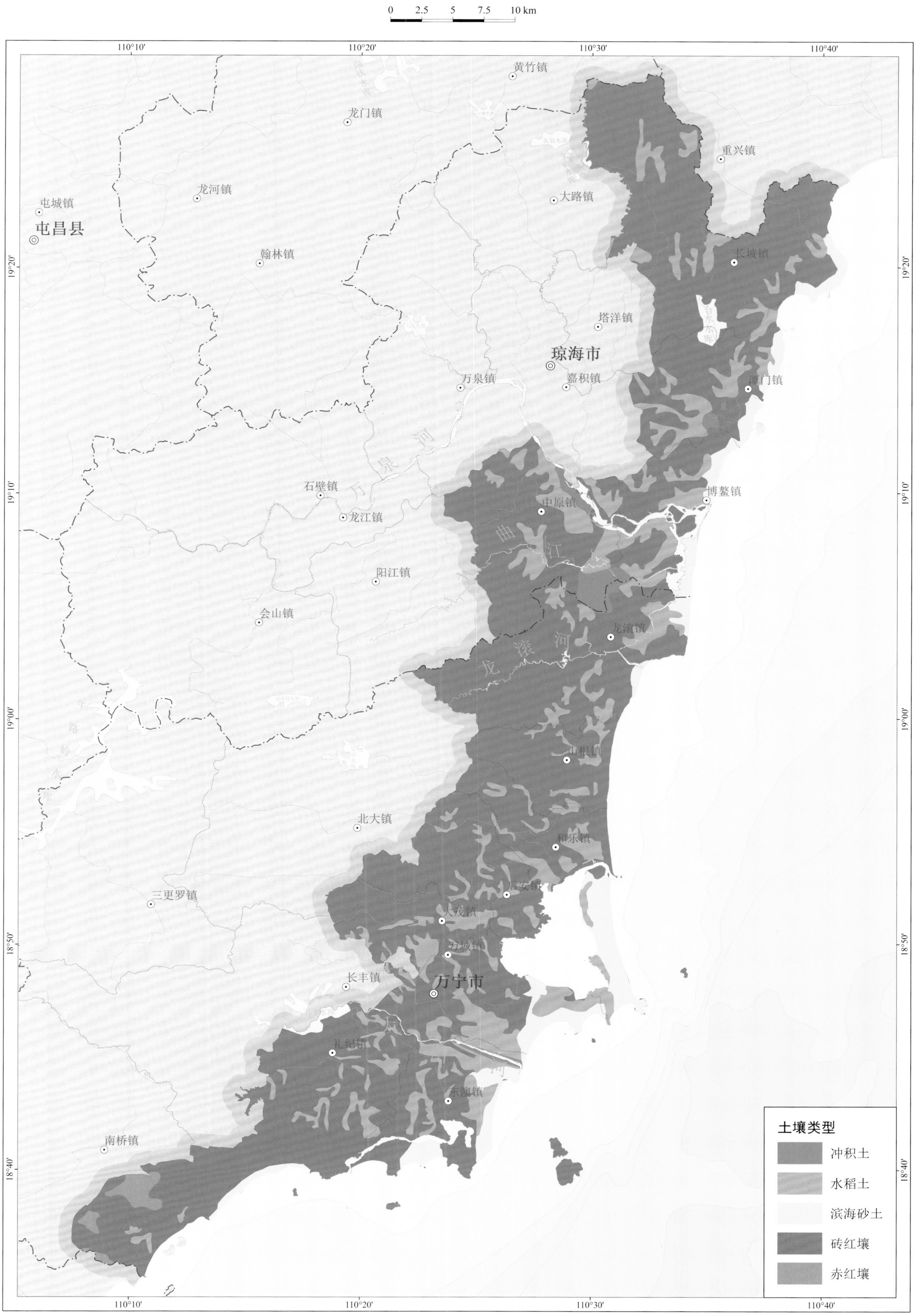

琼海—万宁海岸带地区分布有红壤类、滨海砂土、水稻土和冲积土 4 个土类，其中，红壤类又分为砖红壤和赤红壤。砖红壤分布面积最为广泛，占土壤面积的 74%；其次为水稻土，面积为 231.15 km^2，主要散布于水田种植区；滨海砂土面积为 76.43 km^2，主要分布于东部滨海平原区；赤红壤面积为 10.11 km^2，主要分布于南部低山丘陵菠萝蜜坡区域；冲积土面积为 18.10 km^2，集中分布于九曲江和万泉河沿岸。

2.4 琼海—万宁海岸线类型分布图

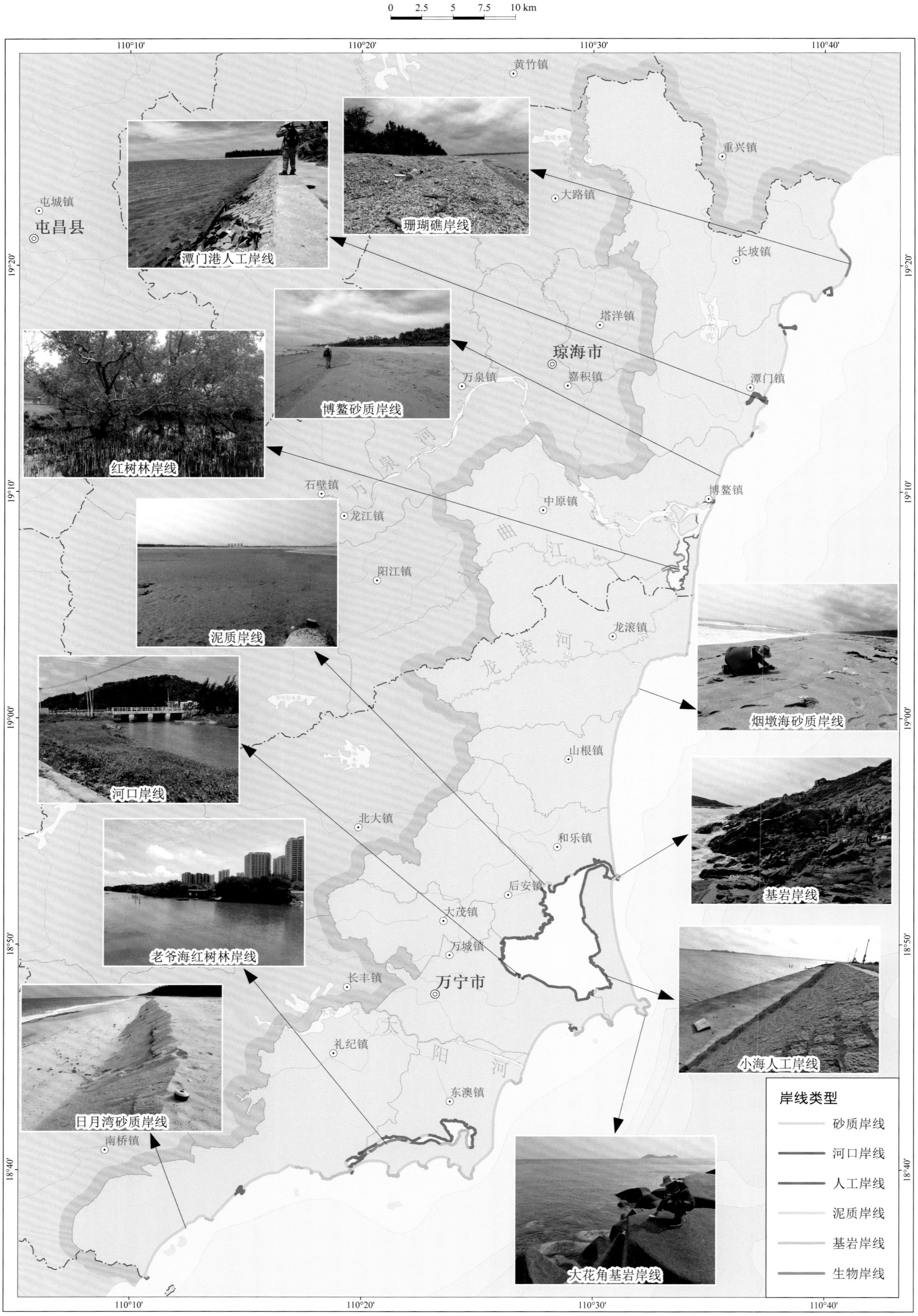

琼海—万宁海岸带地区主要为砂质岸线，分布在沿岸大部分地区。其次为人工岸线，主要分布在青葛港、林桐港、龙湾港、潭门港以及珊瑚岛、万城镇东部小海潟湖区、东澳镇南部老爷海潟湖区等地区。基岩岸线主要分布于万宁市龙滚镇、万城镇东部、东澳镇沿海部分区域。泥质岸线主要分布在青葛港西南的岬角处。河口岸线分布较少，主要分布在沙荖河和万泉河、万城镇东部小海潟湖区沿岸部分区域的河流入海口处。生物岸线以红树林岸线和珊瑚礁岸线为主，红树林岸线分布于博鳌镇南部沙美内海潟湖区域，东澳镇南部老爷海潟湖区域；珊瑚礁岸线主要分布于长坡镇中部沿海区域。

2.5　琼海—万宁海岸带地区土地覆被遥感解译图

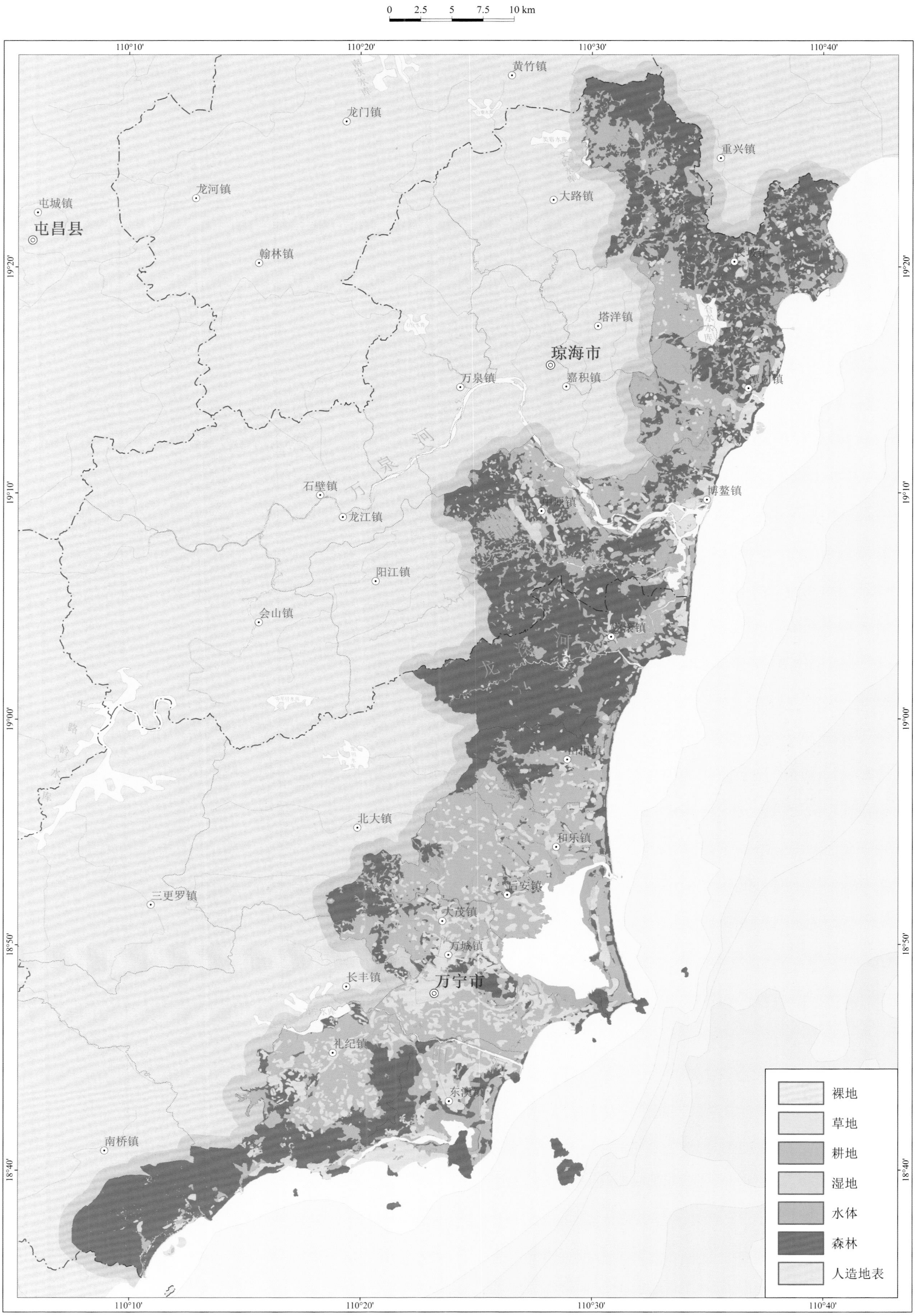

2021 年 6 月，利用 Landsat 8 卫星的 30 m 分辨率遥感影像数据对琼海—万宁海岸带地区内土地覆被类型进行划分，参照 LUCC 分类体系共计完成 7 种地类的遥感解译，分别为裸地、草地、耕地、湿地、水体、森林和人造地表。森林主要分布于长坡镇、博鳌镇、龙滚镇、礼纪镇 4 个镇的丘陵、台地地区；耕地分布比较广泛，滨海平原地区均有分布；人造地表主要为建筑物、农业及旅游设施，主要分布于各镇区及居民村落；湿地及水体主要为自然河流及人工养殖塘，分布于三个潟湖周边及各大河流泛滥平原区域。

3 基础地质

琼海—万宁海岸带地区生态-资源-环境图集

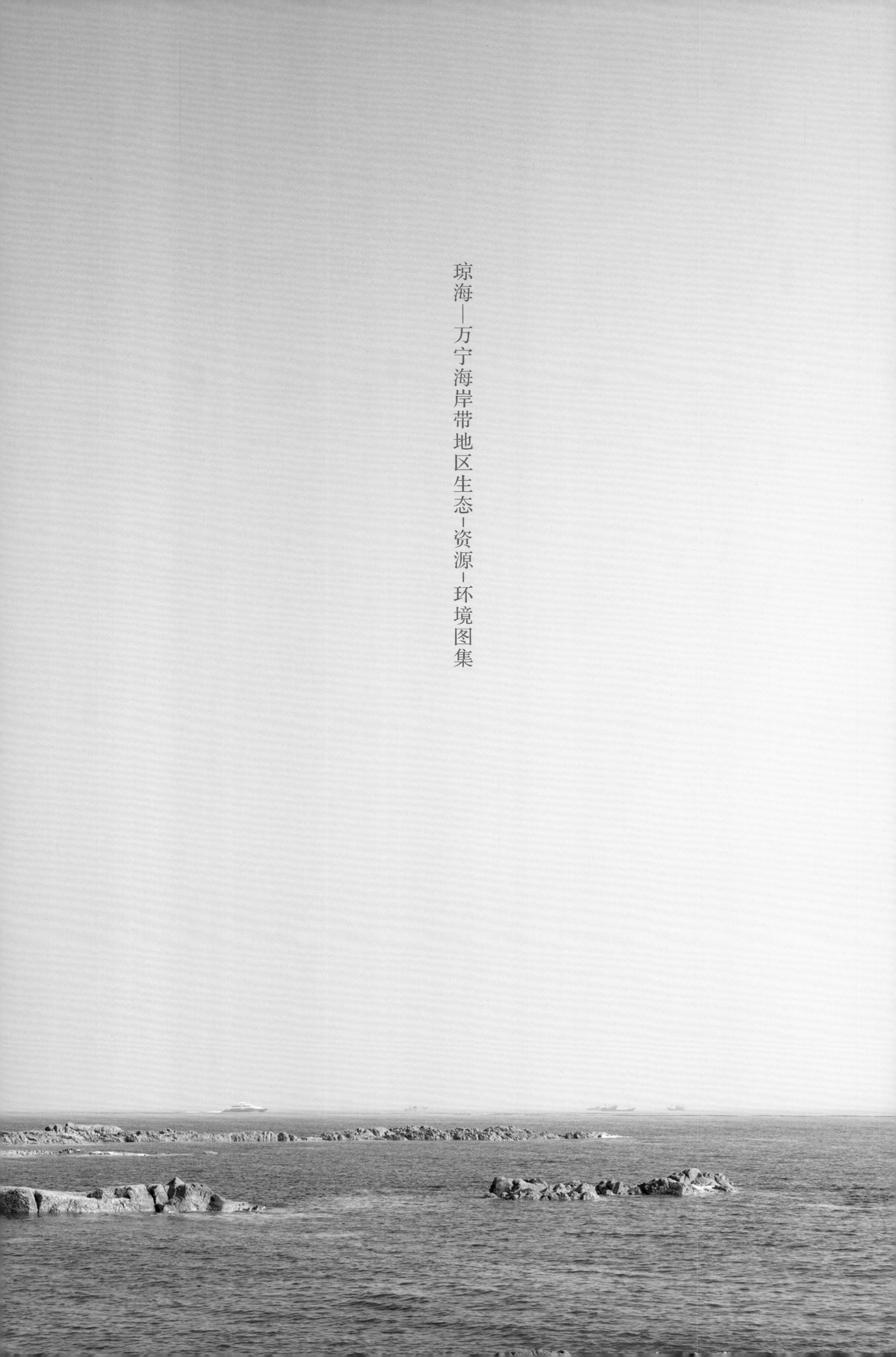

3.1 琼海—万宁海岸带地区地质图

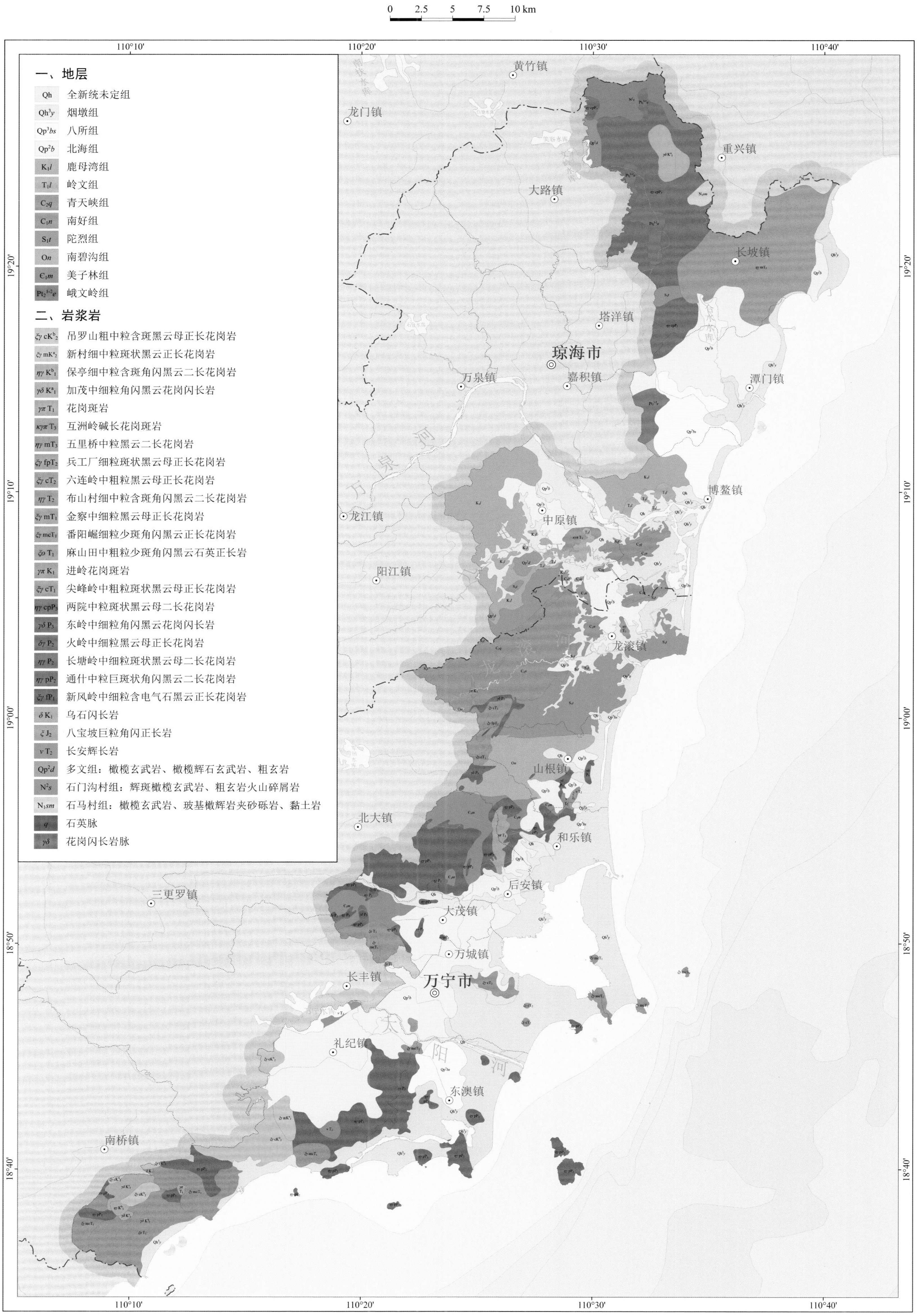

注：此图参考 1∶25 万区域地质调查报告，并结合 1∶5 万环境地质调查成果编制而成。

地层于琼海—万宁海岸带地区出露非常广泛，总面积约占调查区面积的 80%，其中以第四系最为发育，占地层总面积的 85% 以上。从新到老不同时代的地层依次为：全新统未定组、烟墩组、八所组、北海组、鹿母湾组、岭文组、青天峡组、南好组、陀烈组、南碧沟组、美子林组、峨文岭组；第四系主要由砂、砂砾、粉砂质黏土、有机质黏土疙瘩组成，是区域内锆英石、钛铁砂矿的主要赋矿层位。区域内岩浆岩较为发育，主要分布于长坡镇、和乐镇、礼纪镇等地的低山丘陵区；沉积岩及变质岩类主要分布于龙滚镇、博鳌镇的低山丘陵区。

3.2 琼海—万宁海岸带地区地震与活动断裂分布图

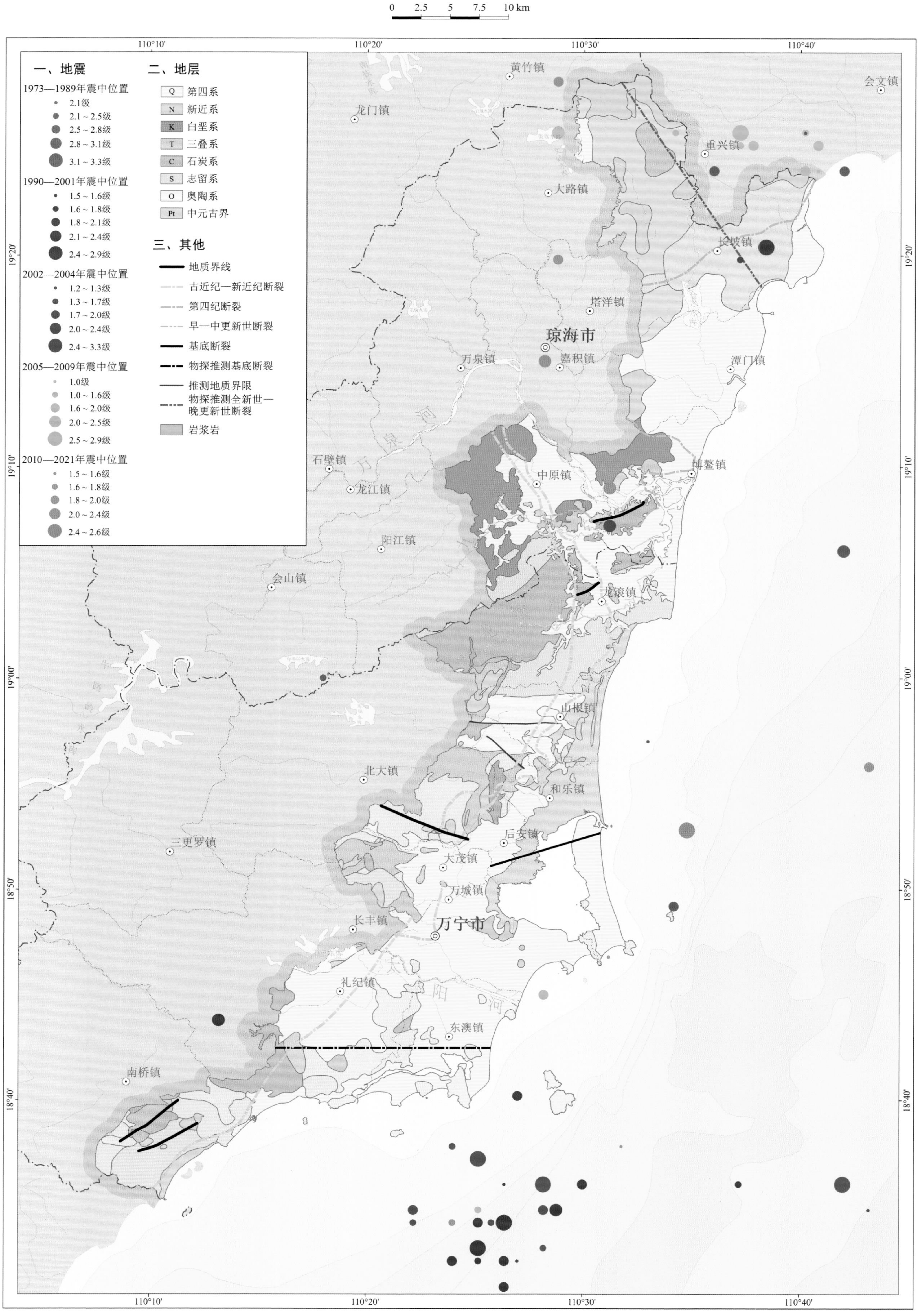

在地质历史发展过程中，琼海—万宁海岸带地区经历了中岳、晋宁、加里东、海西、印支、燕山和喜马拉雅等构造运动，形成了东西向构造带、北东向构造带、北西向构造带、南北向构造带等主要构造体系，构成了区域内的主要构造格局，控制着该地区沉积建造、岩浆活动、成矿作用以及晚近时期山川地势的展布。区域内规模较大的构造带为东西向构造带。

根据历史记载和仪器记录：本区域发生 3.0 级（含）以上震级的地震 7 次，其中最大震级为 5.4 级，发生时间为 1524 年；发生 2.9 级（含）以下震级的地震 64 次；地震多发于万宁市大洲岛南部海域，其他区域零星分布。

3.3 琼海—万宁海域沉积物类型图

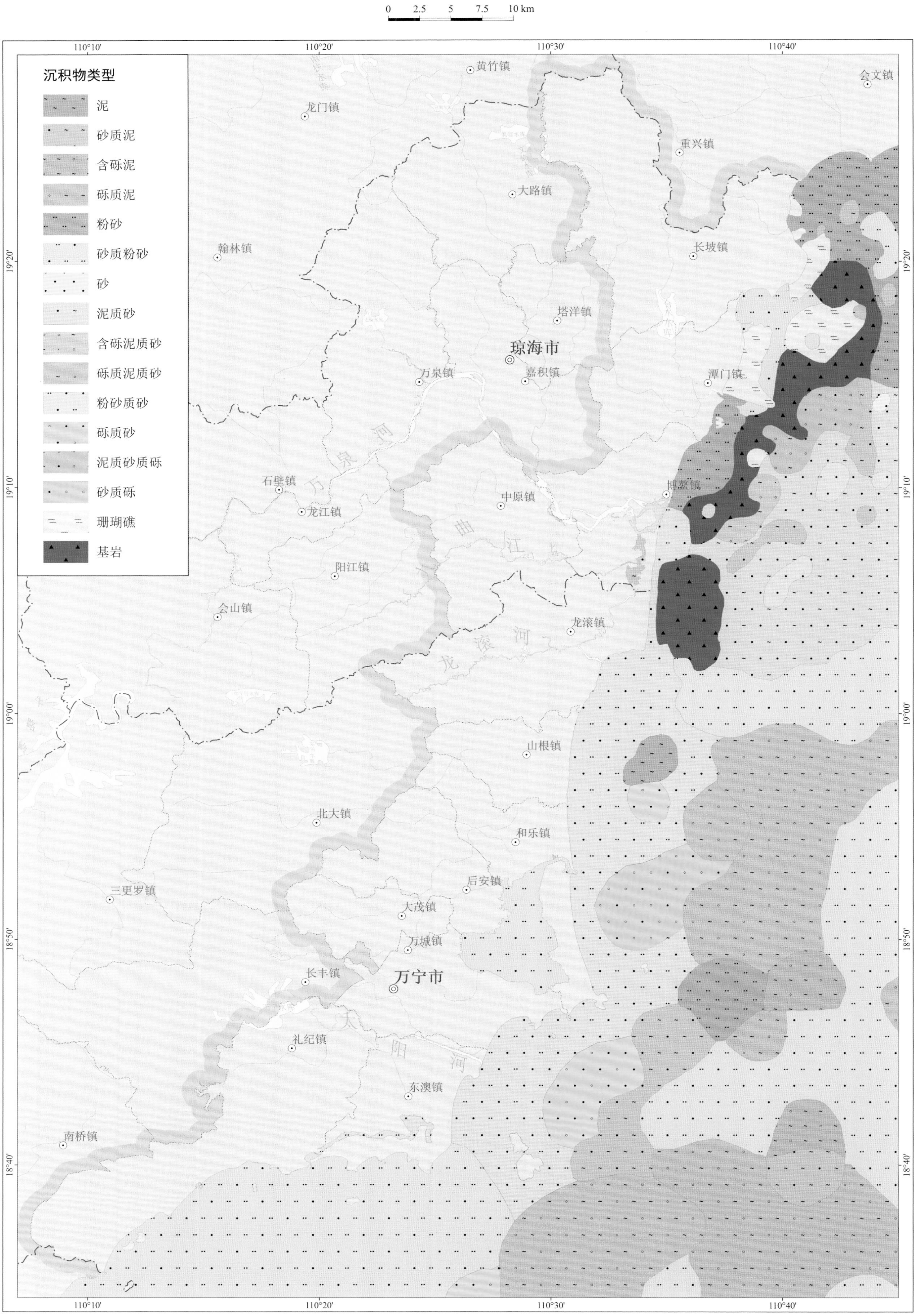

琼海—万宁海域沉积物类型较多，可分为 16 种类型：砂质砾、泥质砂质砾、砾质砂、砾质泥质砂、含砾泥质砂、砾质泥、含砾泥、粉砂质砂、泥质砂、砂质泥、砂质粉砂、粉砂、泥等。海湾和近岸陆架以细粒沉积物为主，粗粒沉积物相对较少，沿岸海域沉积物类型较少，近岸海域沉积物类型多，分布复杂。

3.4 琼海—万宁海岸带地区成土母质分布图

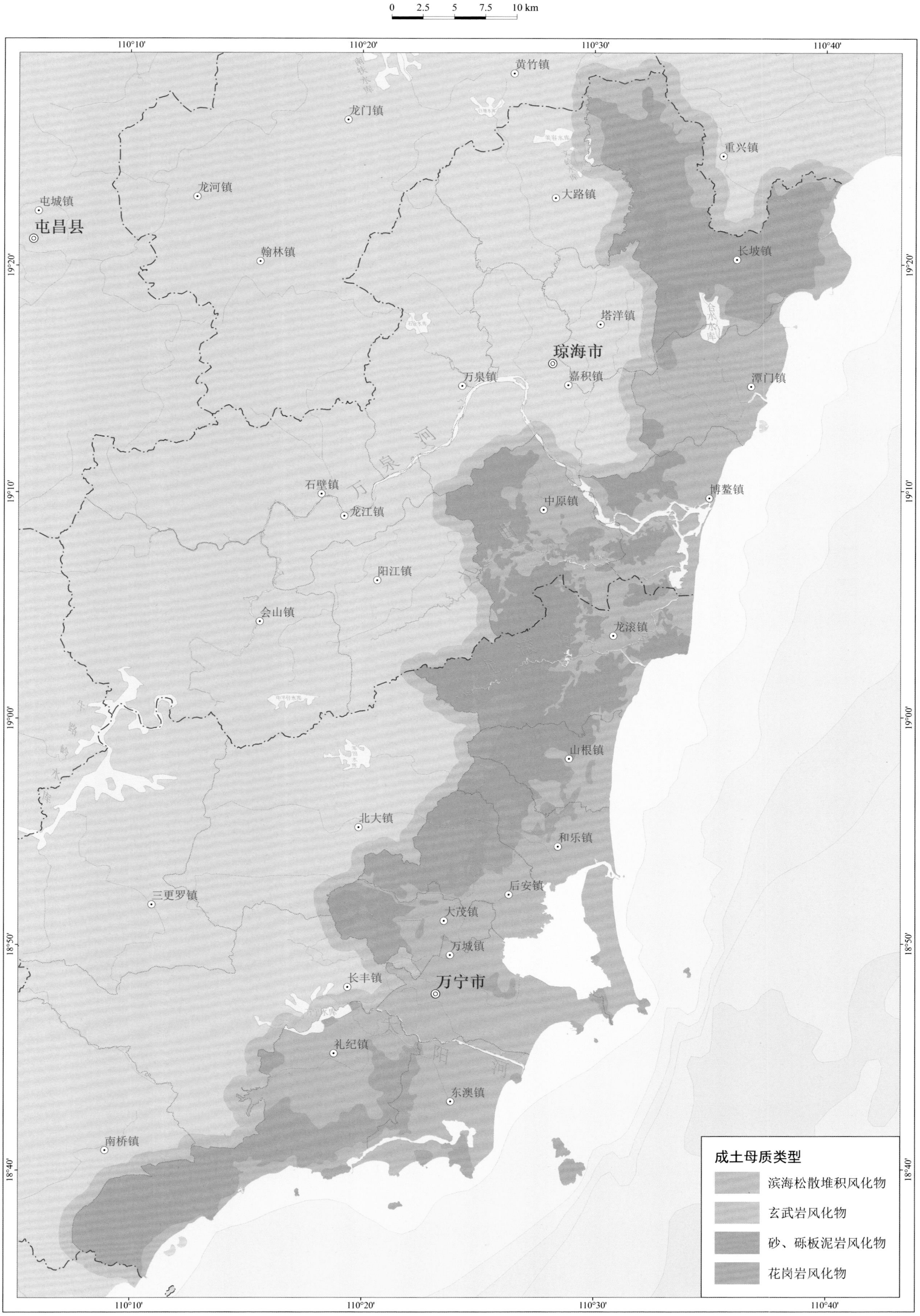

琼海—万宁海岸带地区成土母质类型主要分为4类：滨海松散堆积风化物，玄武岩风化物，砂、砾板泥岩风化物及花岗岩风化物。其中，滨海松散堆积风化物成土母质最为发育，集中分布于区域内滨海平原地区，面积约681.03 km^2；玄武岩风化物成土母质分布最少，主要分布于区域北部火山岩台地区，面积约35.33 km^2；砂、砾板泥岩风化物成土母质分布于区域西部，面积约275.71 km^2；花岗岩风化物成土母质主要分布于区域南北两侧及西南部部分区域，面积约384 km^2。

4 工程与环境地质

琼海—万宁海岸带地区生态-资源-环境图集

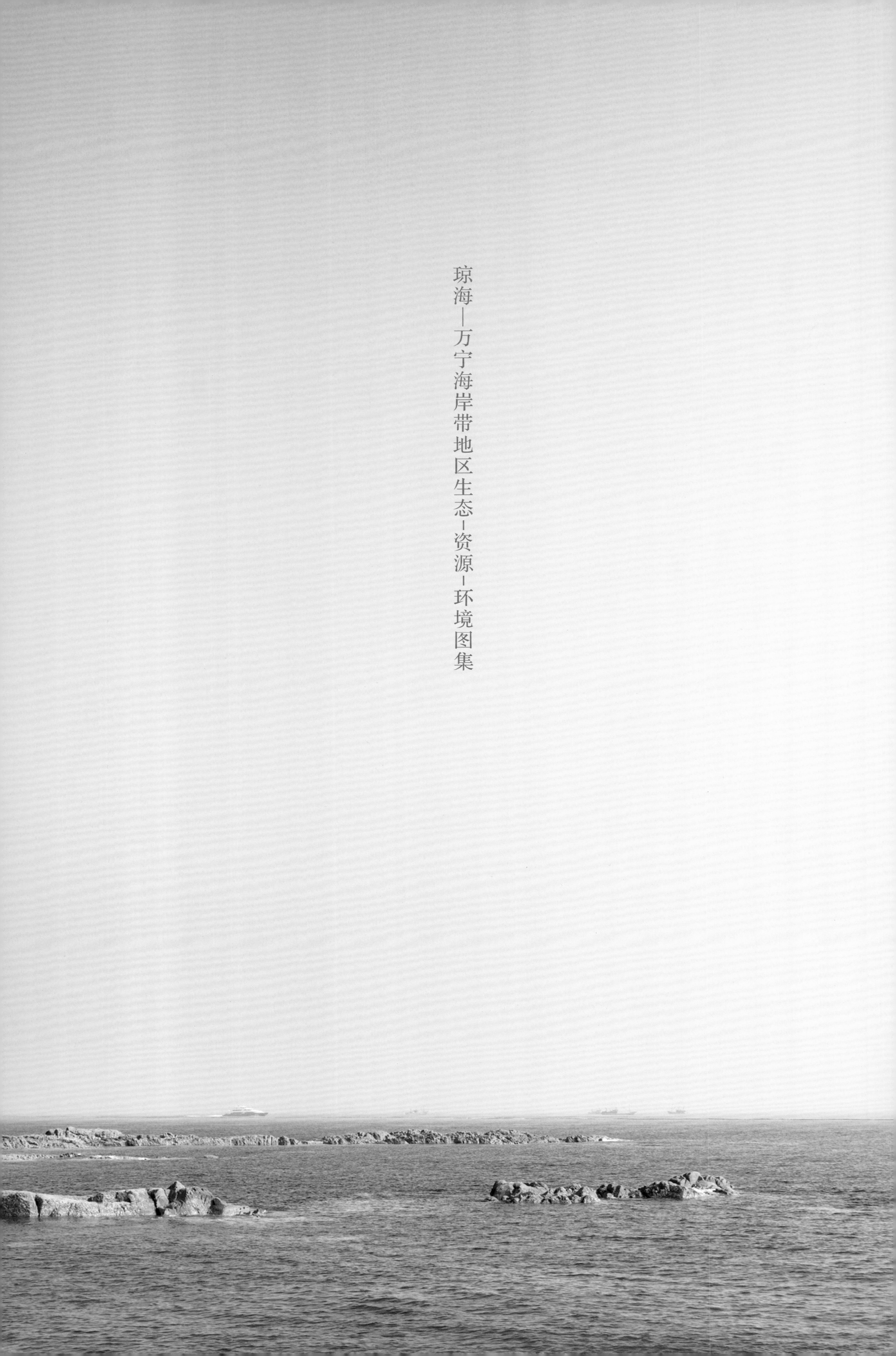

4.1 琼海—万宁海岸带地区工程地质分区图

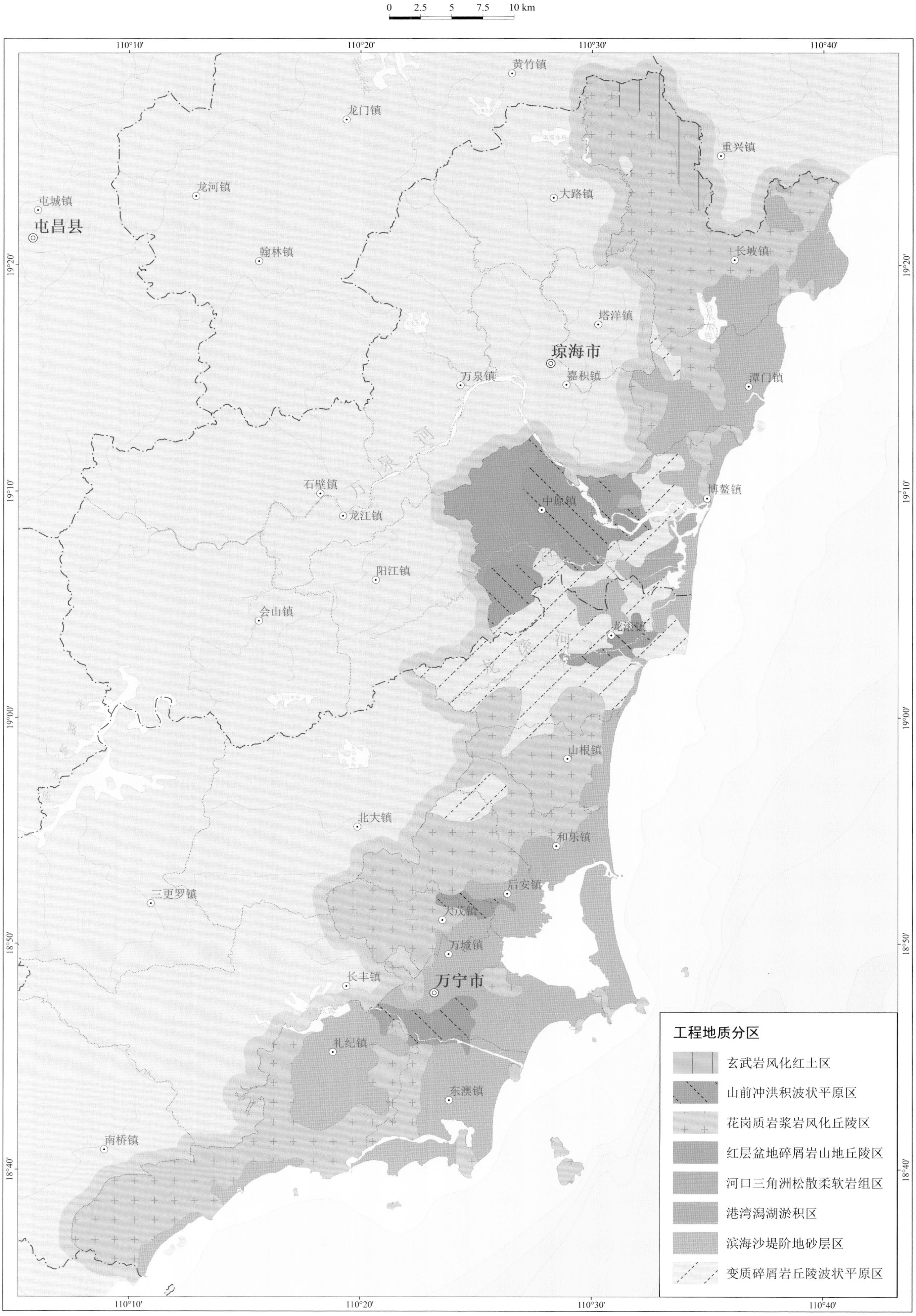

琼海—万宁海岸带地区工程地质条件主要受地形地貌、地层岩性及沉积环境控制，具有明显的规律性。本次分区主要考虑岩层地形地貌、岩层土体结构、沉积环境及人类活动。区域内工程地质可划分为玄武岩风化红土区、山前冲洪积波状平原区、花岗质岩浆岩风化丘陵区、红层盆地碎屑岩山地丘陵区、河口三角洲松散柔软岩组区、港湾潟湖淤积区、滨海沙堤阶地砂层区和变质碎屑岩丘陵波状平原区 8 个工程地质岩组。

4.2 琼海—万宁海岸带地区沟壑密度分布图

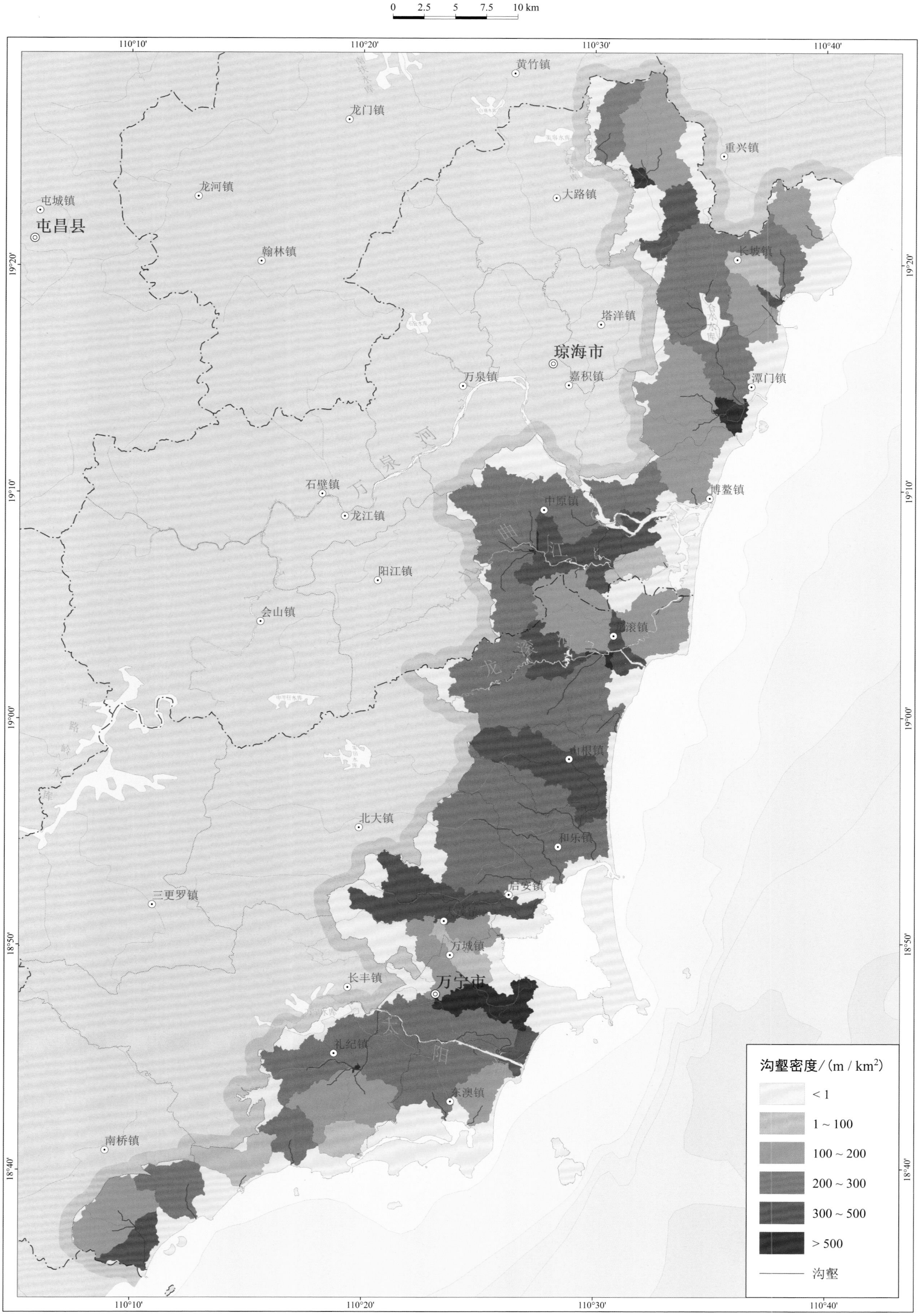
0 2.5 5 7.5 10 km
110°10'
110°20'
110°30'
110°40'
19°20'
19°10'
19°00'
18°50'
18°40'
黄竹镇
龙门镇
重兴镇
龙河镇
屯城镇
屯昌县
大路镇
翰林镇
长坡镇
塔洋镇
琼海市
万泉镇
嘉积镇
潭门镇
万泉河
石壁镇
博鳌镇
中原镇
龙江镇
阳江镇
会山镇
北大镇
和乐镇
后安镇
三更罗镇
万城镇
长丰镇
万宁市
礼纪镇
东澳镇
南桥镇
沟壑密度/(m/km²)
< 1
1 ~ 100
100 ~ 200
200 ~ 300
300 ~ 500
> 500
沟壑

沟壑密度与降水和径流特征、地形坡度、岩性、土壤的抗侵蚀性能、植被状况、土地利用方式等因素有关，这些因素可作为水土流失等级划分时的参考指标。数据显示，琼海—万宁海岸带地区沟壑密度最大区域位于万宁市万城镇东部，初步分析是因为该区域河网及沟渠分布较为密集；其次为部分低山丘陵区，因高差较大，河流作用造成部分土壤遭到侵蚀，形成沟壑。低密度区沿海岸分布，多为滨海平原。

4.3 琼海—万宁海岸带地区地质灾害危险程度分区图

基于以往资料分析，结合遥感、地面调查、测绘等调查手段，分析琼海—万宁海岸带地区地质环境条件、地质灾害类型、发育特征、分布规律及形成机制，并采用AHP层次分析法，对地质灾害的危险程度进行评价。结果显示，该地区地质灾害危险程度分为低、中、高三类。大部分区域为地质灾害低危险区；地质灾害中危险区集中分布于沿海围垦区域；高危险区主要分布于万泉河及沙美内海区域，地质灾害时有发生，河流两侧人口密集，灾害时常威胁人民生命和财产安全。

4.4 琼海—万宁海岸带地区地质灾害易发性分区分布图

根据风险理论对沿海地区地面沉降、崩塌、滑坡、地面塌陷进行风险评价，得到地质灾害易发性分区分布图。地质灾害中易发区主要集中分布于万泉河下游及沙美内海和礼纪镇南部，这一区域工程地质条件较差，多为软弱岩组，局部低山丘陵区域，高差较大，易发生山洪、风暴潮、泥石流、滑坡等地质灾害；地质灾害低易发区主要沿海岸线南北展布，由于人工围垦导致了局部区域地面沉降；地质灾害不易发区主要在区域北部和中部，分布较广。

5 地球化学

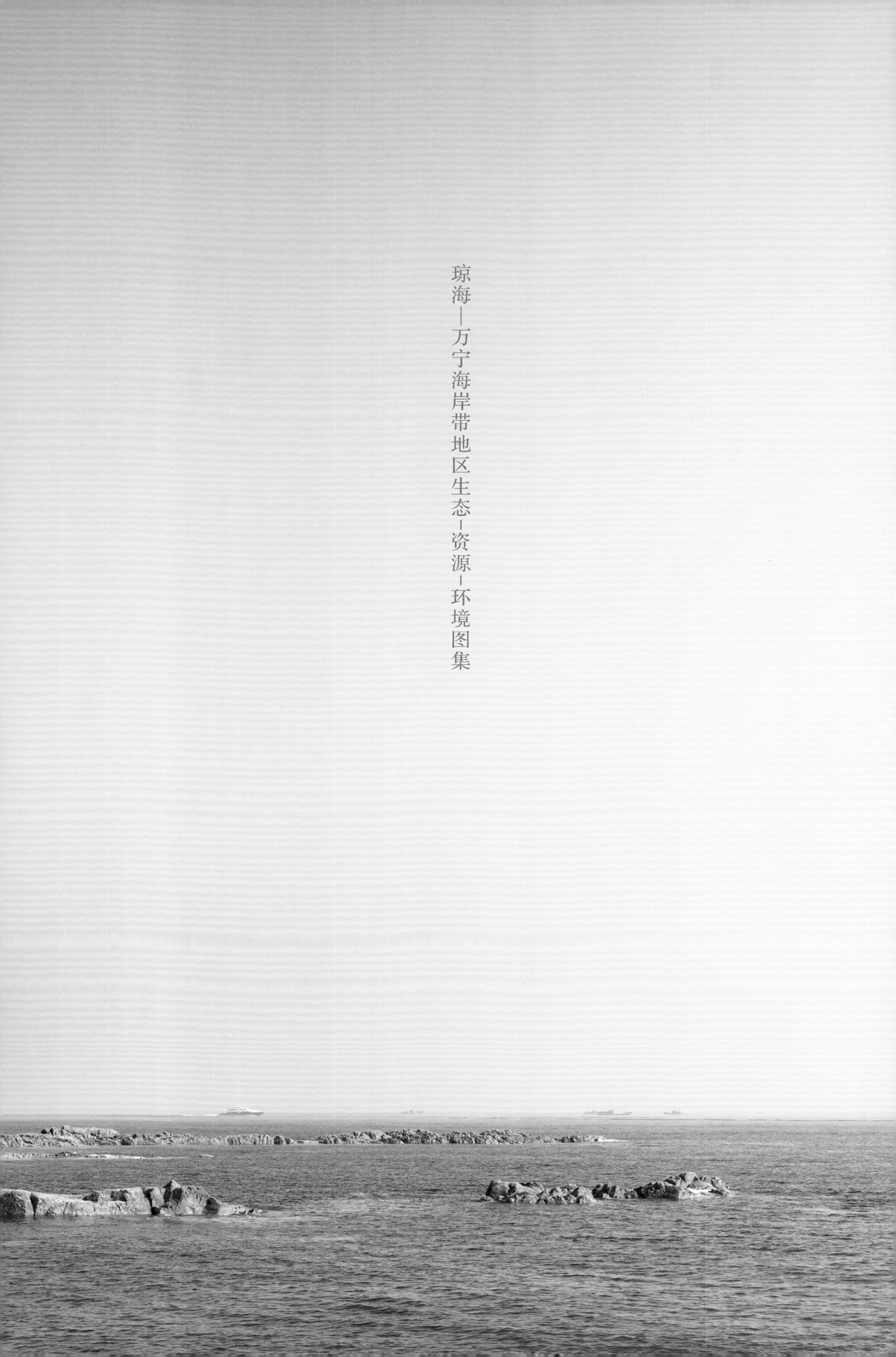
琼海—万宁海岸带地区生态-资源-环境图集

5.1 琼海—万宁海岸带地区氮元素地球化学图

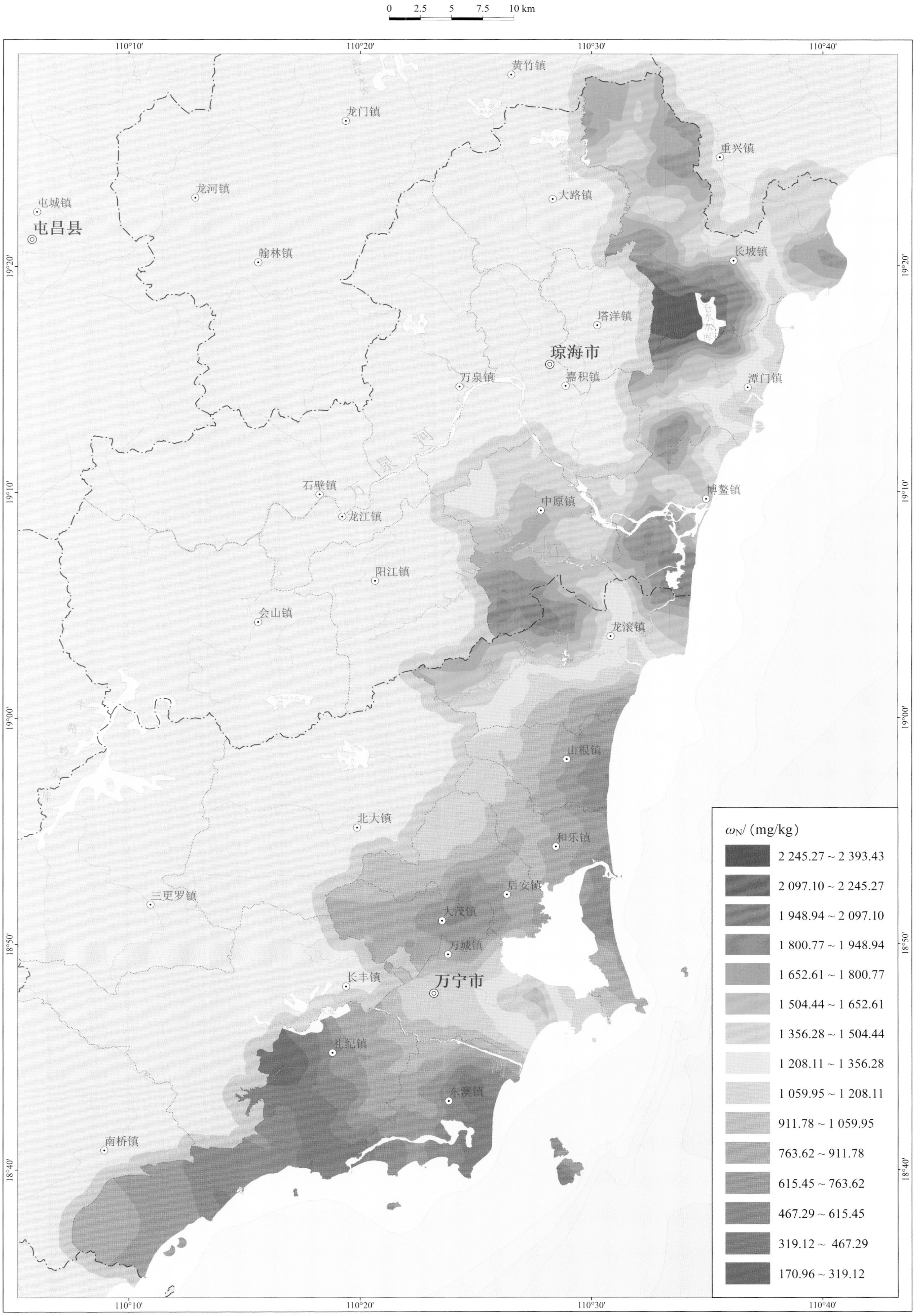
0 2.5 5 7.5 10 km
110°10'
110°20'
110°30'
110°40'
19°20'
19°10'
19°00'
18°50'
18°40'
黄竹镇
龙门镇
重兴镇
龙河镇
大路镇
屯城镇
屯昌县
翰林镇
长坡镇
塔洋镇
琼海市
万泉镇
嘉积镇
潭门镇
石壁镇
博鳌镇
中原镇
龙江镇
阳江镇
会山镇
龙滚镇
山根镇
北大镇
和乐镇
后安镇
三更罗镇
大茂镇
万城镇
长丰镇
万宁市
礼纪镇
东澳镇
南桥镇
ω_N/ (mg/kg)
2 245.27 ~ 2 393.43
2 097.10 ~ 2 245.27
1 948.94 ~ 2 097.10
1 800.77 ~ 1 948.94
1 652.61 ~ 1 800.77
1 504.44 ~ 1 652.61
1 356.28 ~ 1 504.44
1 208.11 ~ 1 356.28
1 059.95 ~ 1 208.11
911.78 ~ 1 059.95
763.62 ~ 911.78
615.45 ~ 763.62
467.29 ~ 615.45
319.12 ~ 467.29
170.96 ~ 319.12

琼海—万宁海岸带地区表层土壤中氮（N）元素含量为 170.96~2 393.43 mg/kg。琼海市北部长坡镇、博鳌镇、中原镇，万宁市龙滚镇含量相对较高，普遍在 1 504.44 mg/kg 以上。万宁市沿海地区表层土壤中氮元素含量普遍不高，礼纪镇西南部及东澳镇、和乐镇、山根镇东部沿海区域表层土壤中氮元素含量较低，为贫氮地区。

5.2 琼海—万宁海岸带地区磷元素地球化学图

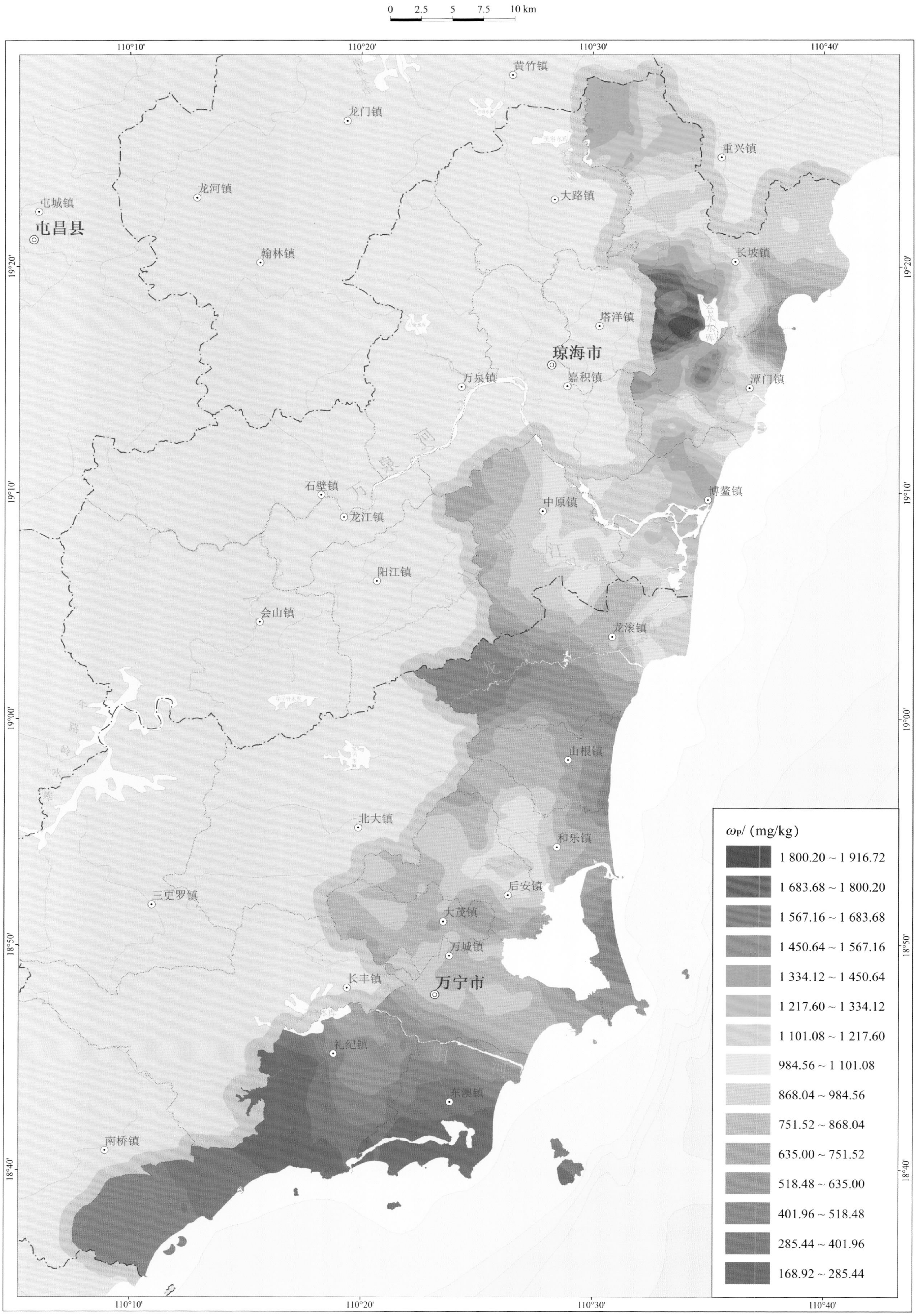
0 2.5 5 7.5 10 km
110°10'
110°20'
110°30'
110°40'
19°20'
19°10'
19°00'
18°50'
18°40'
黄竹镇
龙门镇
重兴镇
龙河镇
大路镇
屯城镇
屯昌县
翰林镇
长坡镇
塔洋镇
琼海市
万泉镇
嘉积镇
潭门镇
万泉河
石壁镇
博鳌镇
中原镇
龙江镇
阳江镇
会山镇
龙滚镇
山根镇
北大镇
和乐镇
三更罗镇
后安镇
大茂镇
万城镇
长丰镇
万宁市
礼纪镇
东澳镇
南桥镇
ωP/ (mg/kg)
1 800.20 ~ 1 916.72
1 683.68 ~ 1 800.20
1 567.16 ~ 1 683.68
1 450.64 ~ 1 567.16
1 334.12 ~ 1 450.64
1 217.60 ~ 1 334.12
1 101.08 ~ 1 217.60
984.56 ~ 1 101.08
868.04 ~ 984.56
751.52 ~ 868.04
635.00 ~ 751.52
518.48 ~ 635.00
401.96 ~ 518.48
285.44 ~ 401.96
168.92 ~ 285.44

磷（P）是组成生物体的重要元素。表层土壤中磷含量反映了土壤对植物所需磷养分的供应潜力，是当地农作物吸取磷养分的天然储库，磷不足则影响农作物的生长，磷过剩又会导致富营养化，所以保持表层土壤中的磷养分平衡至关重要。

琼海—万宁海岸带地区绝大部分表层土壤中磷元素含量为 518~1 101 mg/kg。琼海市长坡镇—博鳌镇表层土壤中磷元素含量相对偏高，普遍高于 754 mg/kg，局部地区达到 1 916.72 mg/kg。偏低的地区主要分布在万宁市东澳镇、礼纪镇、大茂镇残坡积区，这些地区表层土壤中磷元素含量普遍低于 751 mg/kg，局部地区更低。

5.3　琼海—万宁海岸带地区钾元素地球化学图

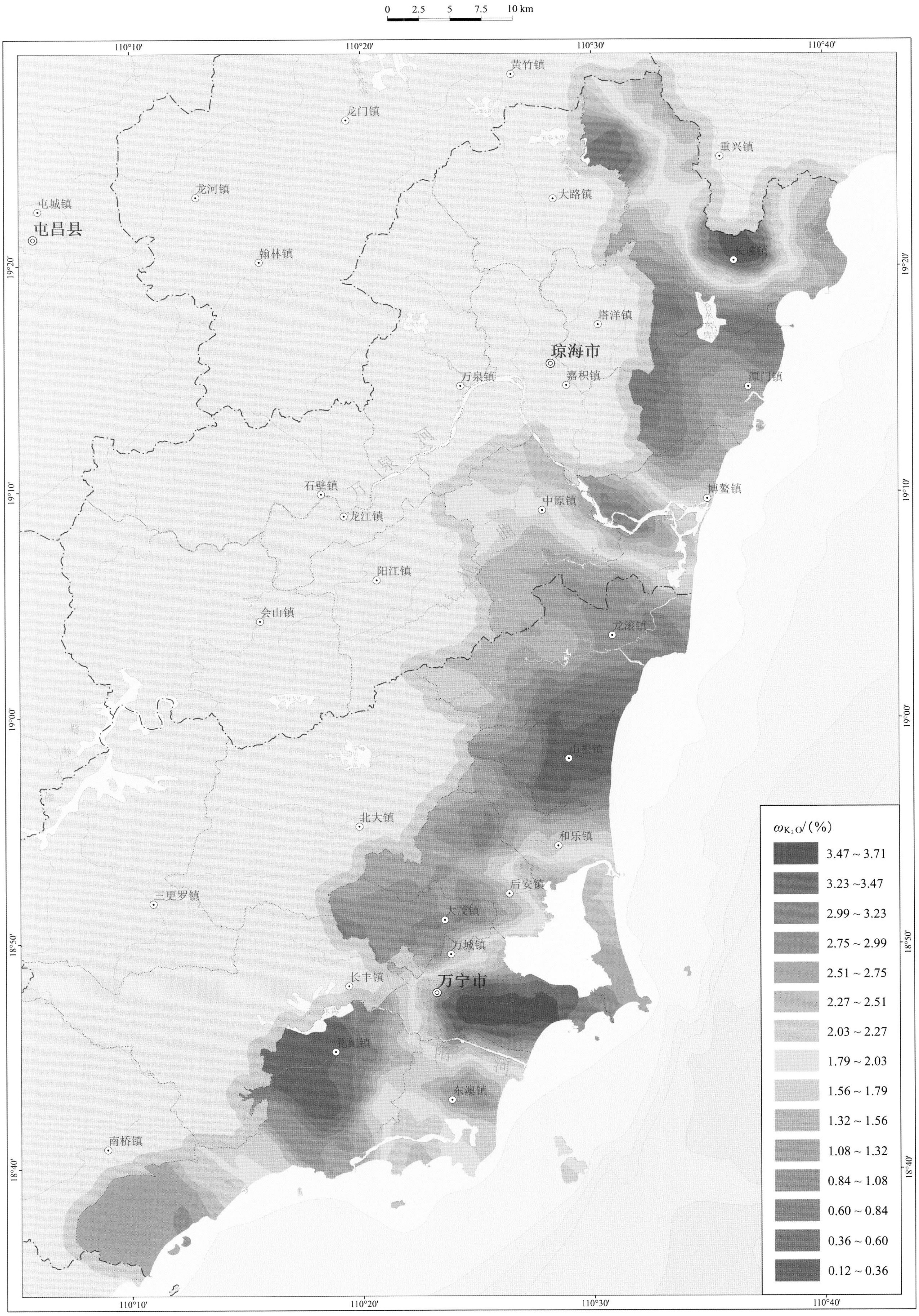

钾（K）是植物生长所必需的极重要营养元素，植物对钾的需求量比磷还要多，钾对增强植物抗倒伏能力、提高农作物品质和产量具有十分重要的作用。

琼海—万宁海岸带地区绝大部分表层土壤中钾元素含量为 1.79%~2.75%，高值区主要分布在万宁市万城镇南部及琼海市长坡镇北部一带，含量达 3.47% 以上。琼海市潭门镇和万宁市山根镇、礼纪镇土壤中钾元素含量相对偏低。

5.4 琼海—万宁海岸带地区氧化钙地球化学图

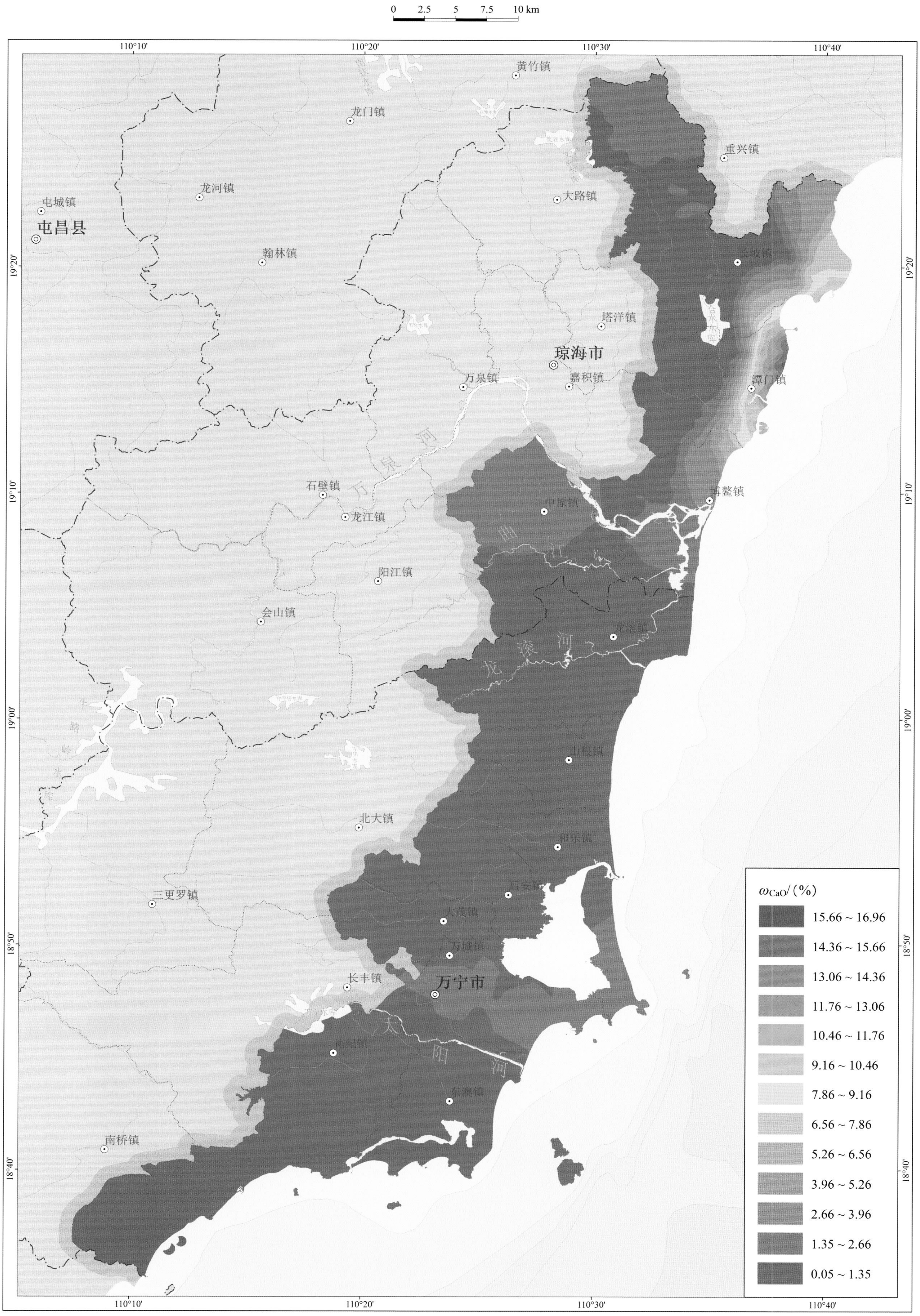

琼海—万宁海岸带地区大部分表层土壤中氧化钙（CaO）含量为 0.05%~2.66%，不同地区之间表层土壤中氧化钙含量差异较小，分布较为平均。大于 7.86% 的高含量区主要分布在琼海市长坡镇、潭门镇东部，其中，潭门镇沿海区域是最富钙的地区。

5.5 琼海—万宁海岸带地区硫元素地球化学图

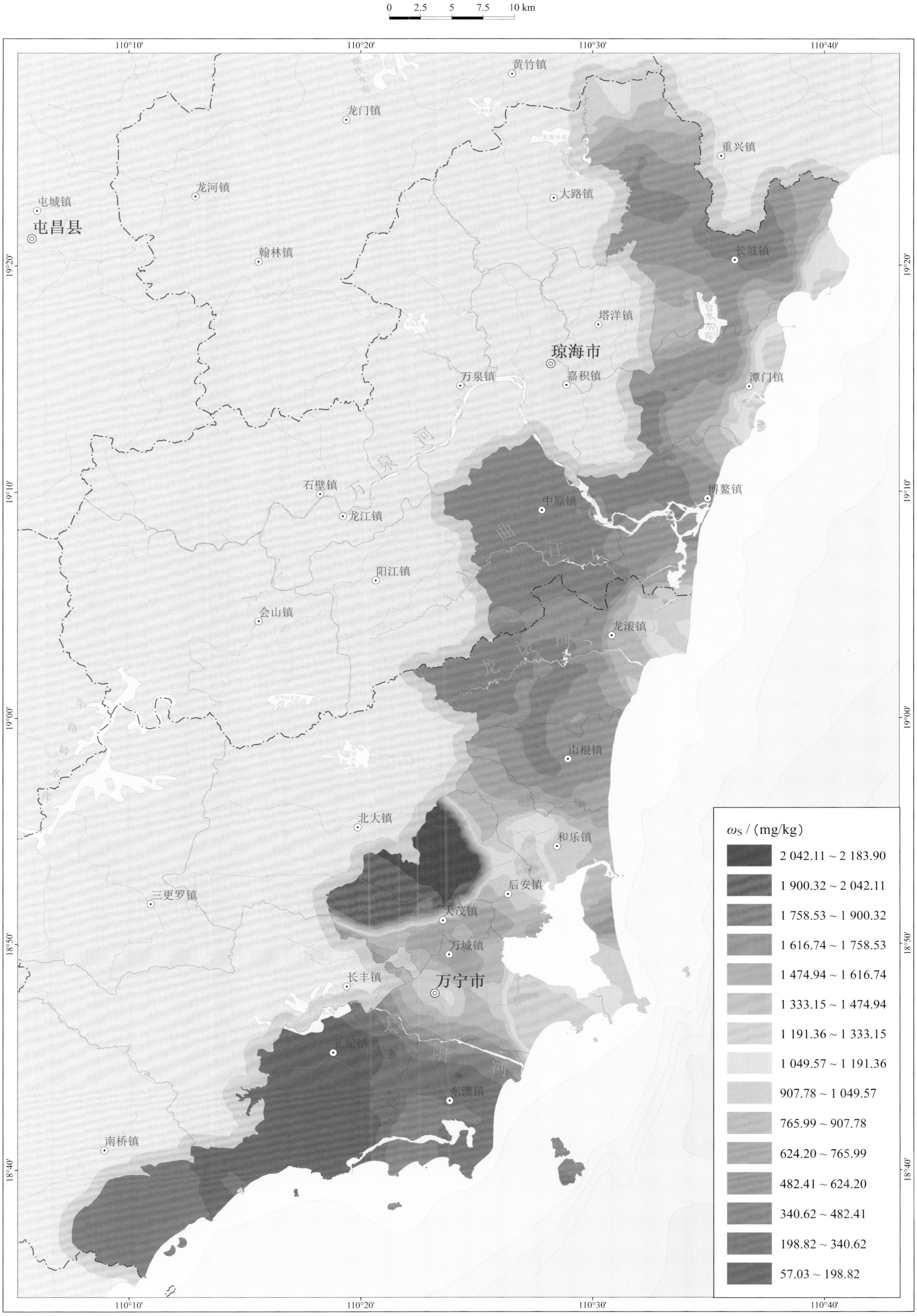
0 2.5 5 7.5 10 km
110°10′
110°20′
110°30′
110°40′
19°20′
19°10′
19°00′
18°50′
18°40′
黄竹镇
龙门镇
重兴镇
龙河镇
大路镇
屯城镇
屯昌县
翰林镇
长坡镇
塔洋镇
琼海市
嘉积镇
万泉镇
潭门镇
万泉河
石壁镇
博鳌镇
中原镇
龙江镇
阳江镇
会山镇
龙滚镇
龙滚河
山根镇
北大镇
和乐镇
后安镇
三更罗镇
大茂镇
万城镇
长丰镇
万宁市
北纪镇
东澳镇
南桥镇
ωS / (mg/kg)
2 042.11 ~ 2 183.90
1 900.32 ~ 2 042.11
1 758.53 ~ 1 900.32
1 616.74 ~ 1 758.53
1 474.94 ~ 1 616.74
1 333.15 ~ 1 474.94
1 191.36 ~ 1 333.15
1 049.57 ~ 1 191.36
907.78 ~ 1 049.57
765.99 ~ 907.78
624.20 ~ 765.99
482.41 ~ 624.20
340.62 ~ 482.41
198.82 ~ 340.62
57.03 ~ 198.82

琼海—万宁海岸带地区表层土壤中硫（S）元素含量为 57.03~2 183.90 mg/kg，不同地区之间表层土壤中硫元素含量分布较为悬殊。其中高值区主要分布在万宁市大茂镇西北部和后安镇西部；含量大于 1 049.57 mg/kg 的地区主要分布在琼海市长坡镇西北部及东部部分沿海地区、潭门镇，万宁市龙滚镇东部沿海地区、后安镇东北部及万城镇南部，其余地区含量稍低。

5.6 琼海—万宁海岸带地区硒元素地球化学图

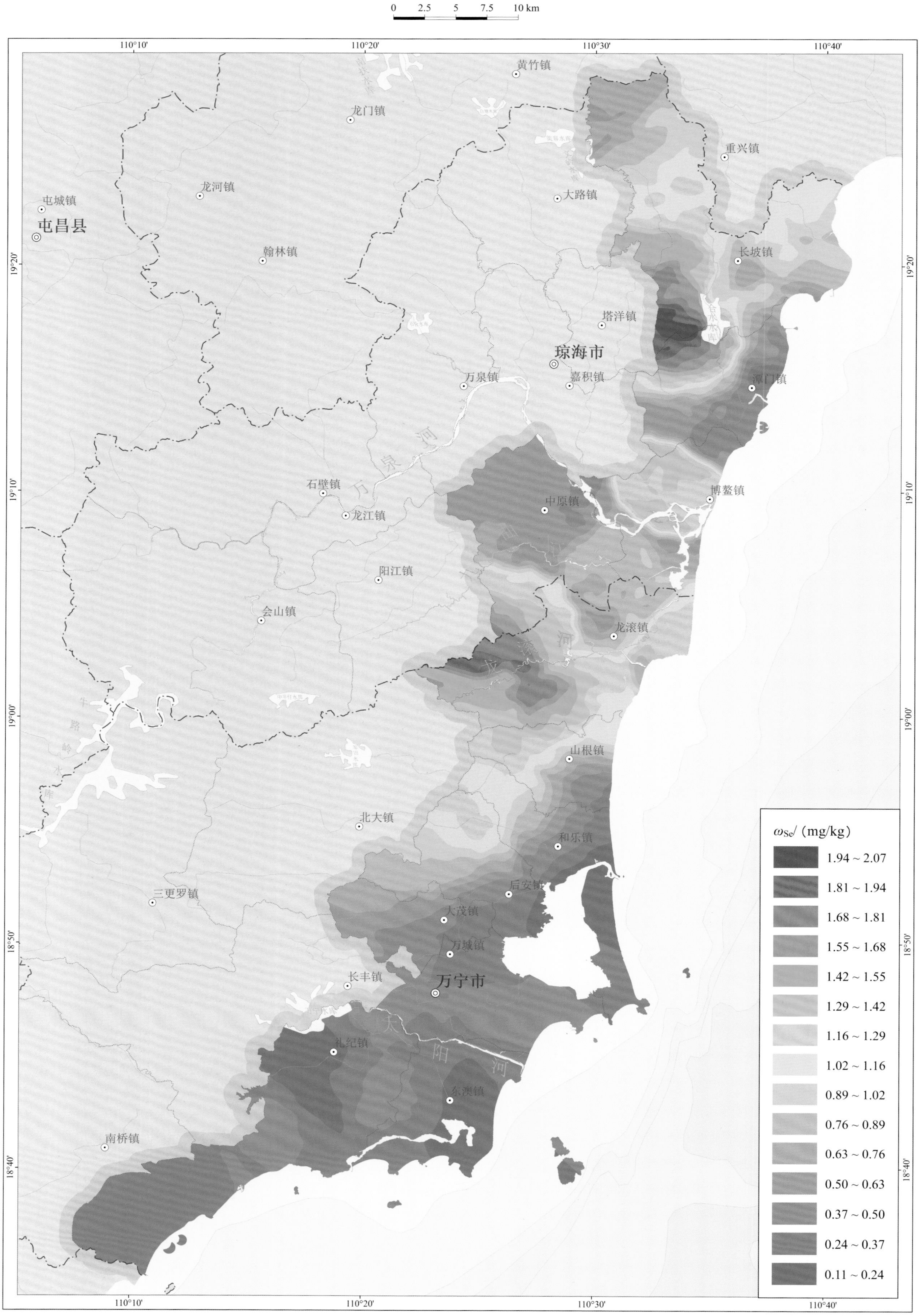

硒（Se）是生物体多种酶和蛋白质的重要组成部分，具有很强的生物活性，参与多种生理生化过程。

琼海—万宁海岸带地区表层土壤中硒元素含量范围为 0.11~2.07 mg/kg。其中，高值区主要分布在琼海市长坡镇合水水库以西及万宁市龙滚镇西部，万宁市南部地区含量较低。

5.7 琼海—万宁海岸带地区有机质含量地球化学图

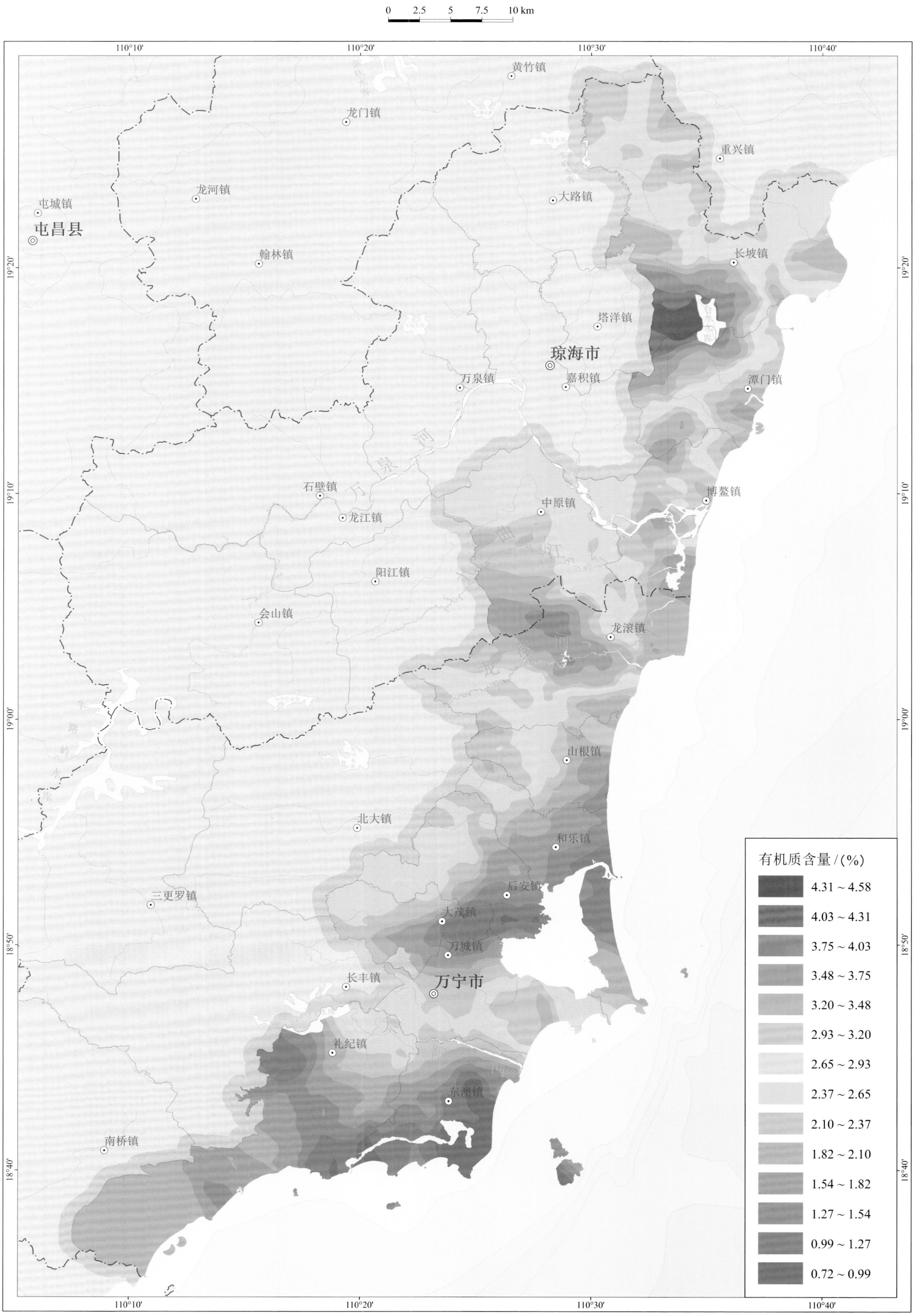
0 2.5 5 7.5 10 km
110°10′
110°20′
110°30′
110°40′
19°20′
19°10′
19°00′
18°50′
18°40′
黄竹镇
龙门镇
重兴镇
龙河镇
屯城镇
大路镇
屯昌县
翰林镇
长坡镇
塔洋镇
琼海市
万泉镇
嘉积镇
潭门镇
石壁镇
博鳌镇
中原镇
龙江镇
阳江镇
会山镇
龙滚镇
山根镇
北大镇
和乐镇
三更罗镇
后安镇
大茂镇
万城镇
长丰镇
万宁市
礼纪镇
东澳镇
南桥镇
有机质含量/(%)
4.31 ~ 4.58
4.03 ~ 4.31
3.75 ~ 4.03
3.48 ~ 3.75
3.20 ~ 3.48
2.93 ~ 3.20
2.65 ~ 2.93
2.37 ~ 2.65
2.10 ~ 2.37
1.82 ~ 2.10
1.54 ~ 1.82
1.27 ~ 1.54
0.99 ~ 1.27
0.72 ~ 0.99

琼海—万宁海岸带地区表层土壤有机质含量空间分布呈块状，其中琼海市长坡镇合水水库西部和博鳌镇南部、万宁市龙滚镇西部是表层土壤有机质含量高值区，含量达到 3.20% 以上；万宁市和乐镇、大茂镇、东澳镇及礼纪镇西部一带是表层土壤有机质含量相对较低地区，其中万宁市和乐镇东部和东澳镇南部沿海地区有机质含量仅为 0.72%~0.99%。

5.8 琼海—万宁海岸带地区表层土壤pH值地球化学图

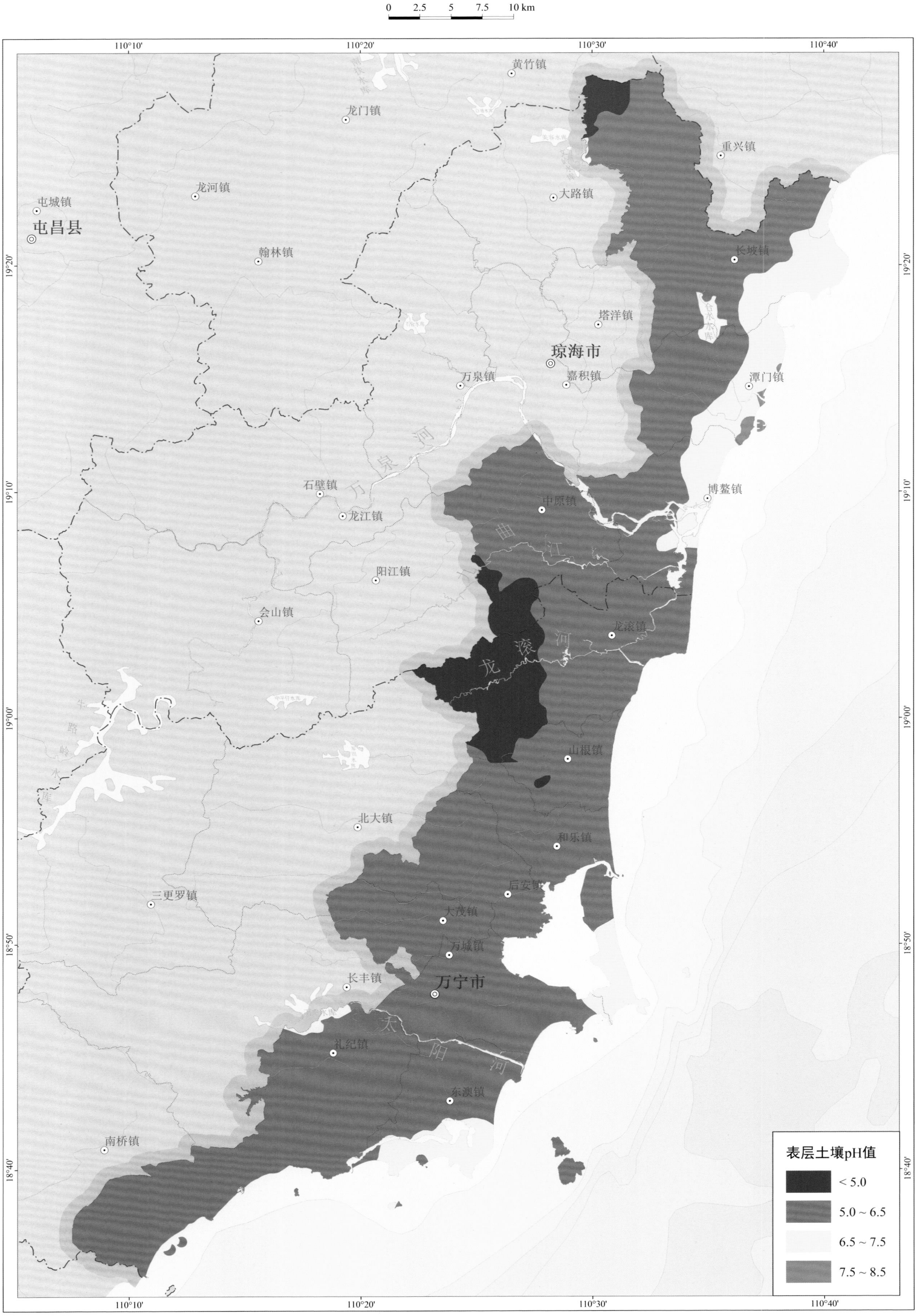

琼海—万宁海岸带地区大部分表层土壤 pH 值为 5.0~6.5。表层土壤酸碱度空间分布与地质地貌单元具有良好的对应关系。大部分地区土壤呈酸性（pH 值为 5.0~6.5），面积占比约 73%；强酸性土（pH ＜ 5.0）主要分布在万宁市龙滚镇、山根镇冲洪积区；中性土（pH 值为 6.5~7.5）主要分布在琼海市长坡镇、潭门镇、博鳌镇等沿海沉积地区及万宁市万城镇残坡积区、东澳镇南部；碱性土（pH 值为 7.5~8.5）主要分布在琼海市潭门镇沿海珊瑚礁分布区。

5.9 琼海—万宁海岸带地区锌元素地球化学图

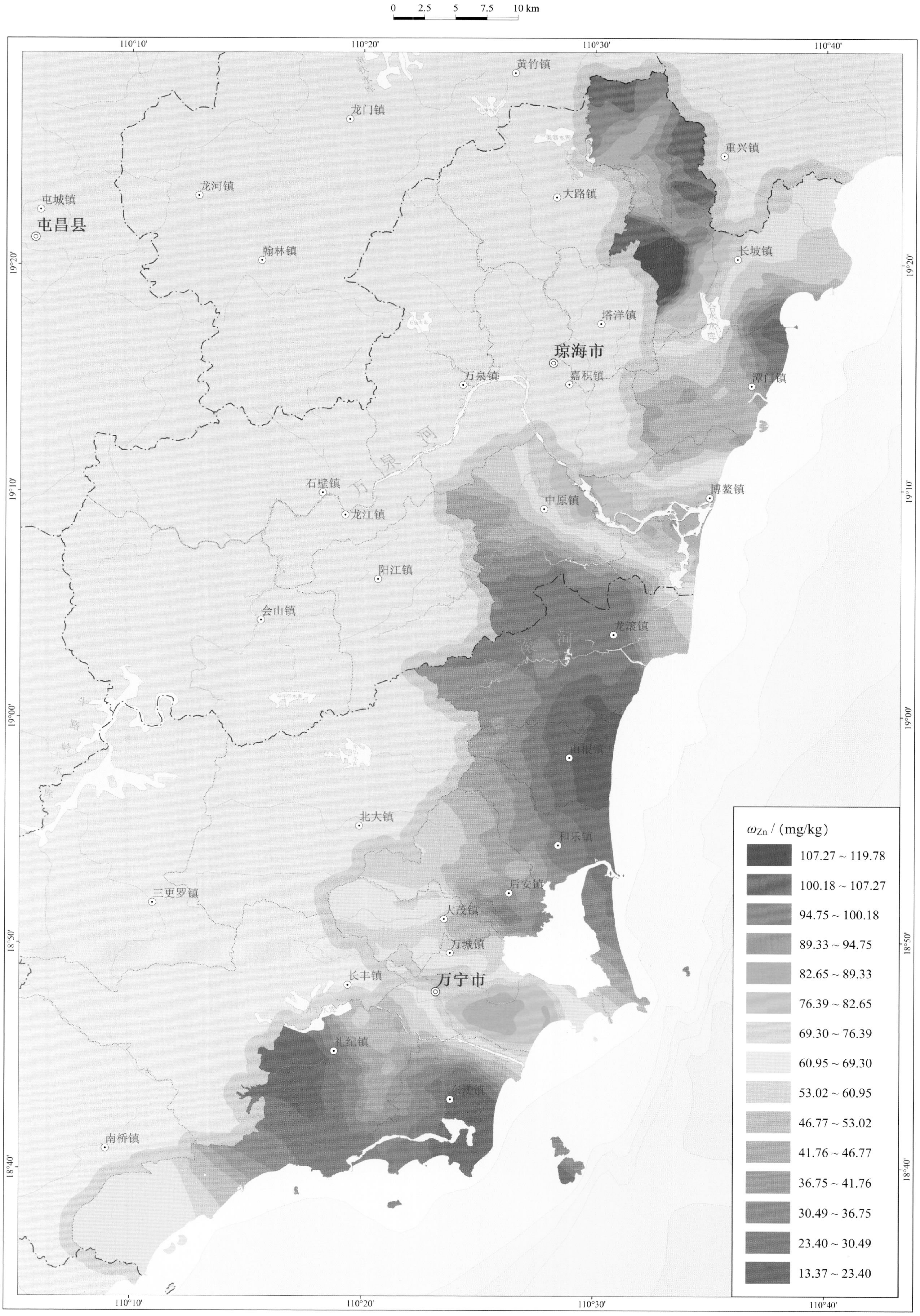
0 2.5 5 7.5 10 km
110°10'
110°20'
110°30'
110°40'
19°20'
19°10'
19°00'
18°50'
18°40'
黄竹镇
龙门镇
重兴镇
龙河镇
大路镇
屯城镇
屯昌县
翰林镇
长坡镇
塔洋镇
琼海市
万泉镇
嘉积镇
潭门镇
万
泉
河
石壁镇
中原镇
博鳌镇
龙江镇
阳江镇
会山镇
龙滚镇
龙
滚
河
山根镇
北大镇
和乐镇
三更罗镇
后安镇
大茂镇
万城镇
长丰镇
万宁市
礼纪镇
东澳镇
南桥镇
ω_{Zn} / (mg/kg)
107.27 ~ 119.78
100.18 ~ 107.27
94.75 ~ 100.18
89.33 ~ 94.75
82.65 ~ 89.33
76.39 ~ 82.65
69.30 ~ 76.39
60.95 ~ 69.30
53.02 ~ 60.95
46.77 ~ 53.02
41.76 ~ 46.77
36.75 ~ 41.76
30.49 ~ 36.75
23.40 ~ 30.49
13.37 ~ 23.40

琼海—万宁海岸带地区表层土壤中锌（Zn）元素含量整体分布不均匀，高值区主要集中在琼海市长坡镇北部，局部达到 107.27~119.78 mg/kg。琼海市万泉河下游、长坡镇东北部及万宁市大茂镇、万城镇东南部、礼纪镇西南部为中值区，表层土壤中锌元素含量为 60.95~82.65 mg/kg。其他大部分地区含量较低，含量在 53.02 mg/kg 以下。

5.10 琼海—万宁海岸带地区铜元素地球化学图

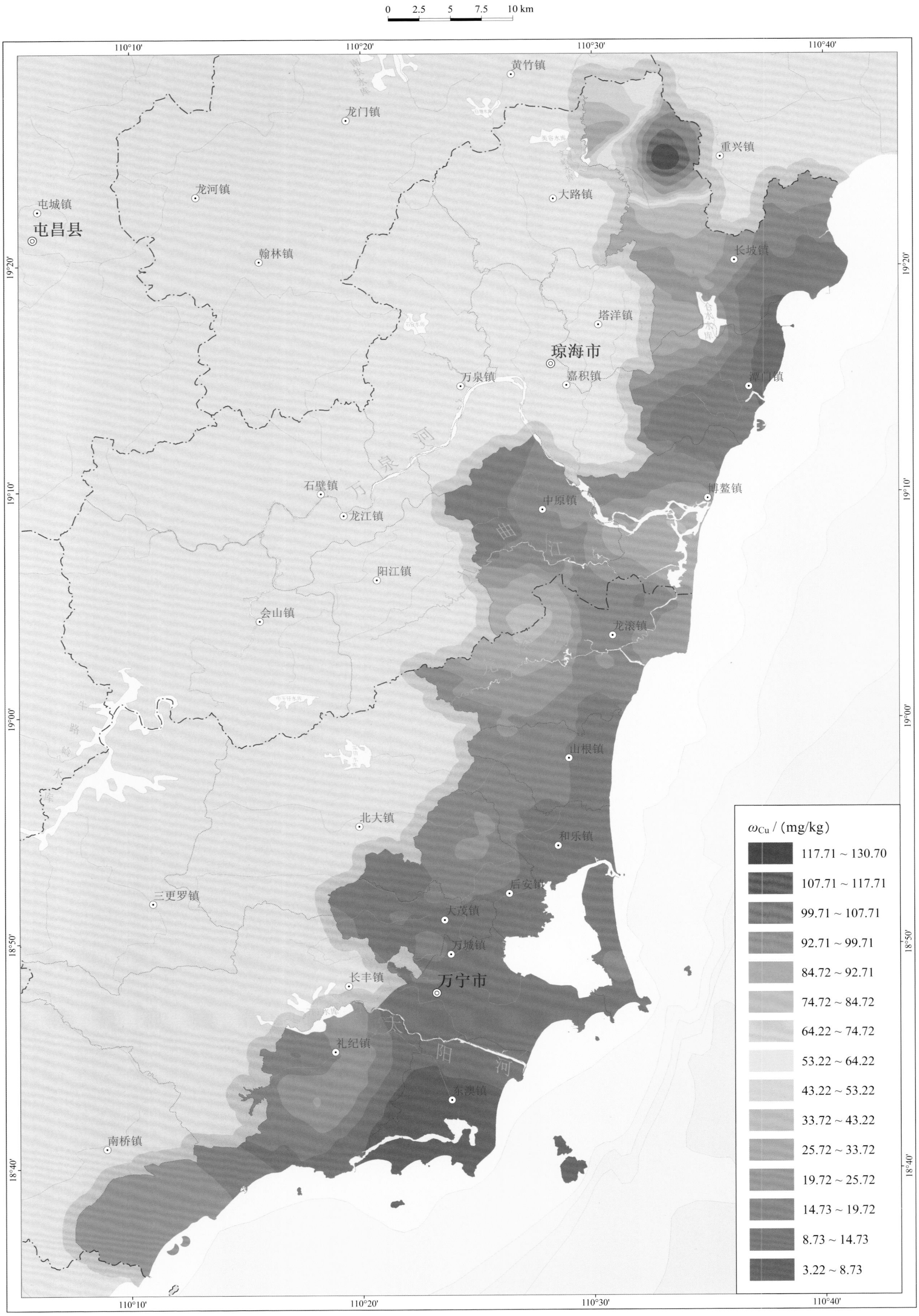
0 2.5 5 7.5 10 km
110°10'
110°20'
110°30'
110°40'
19°20'
19°10'
19°00'
18°50'
18°40'
黄竹镇
龙门镇
重兴镇
龙河镇
大路镇
屯城镇
屯昌县
翰林镇
长坡镇
塔洋镇
琼海市
万泉镇
嘉积镇
潭门镇
万
泉
河
石壁镇
博鳌镇
中原镇
龙江镇
曲
江
阳江镇
会山镇
龙滚镇
山根镇
北大镇
和乐镇
三更罗镇
后安镇
大茂镇
万城镇
长丰镇
万宁市
礼纪镇
太
阳
河
东澳镇
南桥镇
ω_{Cu} / (mg/kg)
117.71 ~ 130.70
107.71 ~ 117.71
99.71 ~ 107.71
92.71 ~ 99.71
84.72 ~ 92.71
74.72 ~ 84.72
64.22 ~ 74.72
53.22 ~ 64.22
43.22 ~ 53.22
33.72 ~ 43.22
25.72 ~ 33.72
19.72 ~ 25.72
14.73 ~ 19.72
8.73 ~ 14.73
3.22 ~ 8.73

琼海—万宁海岸带地区表层土壤中重金属铜（Cu）元素含量为 3.22~130.70 mg/kg，整体含量较低。表层土壤中铜元素整体分布不均匀，高值区主要集中在琼海市长坡镇北部，含量达到 130.70 mg/kg。其他大部分地区含量较低，含量在 53.22 mg/kg 以下。

5.11 琼海—万宁海岸带地区铬元素地球化学图

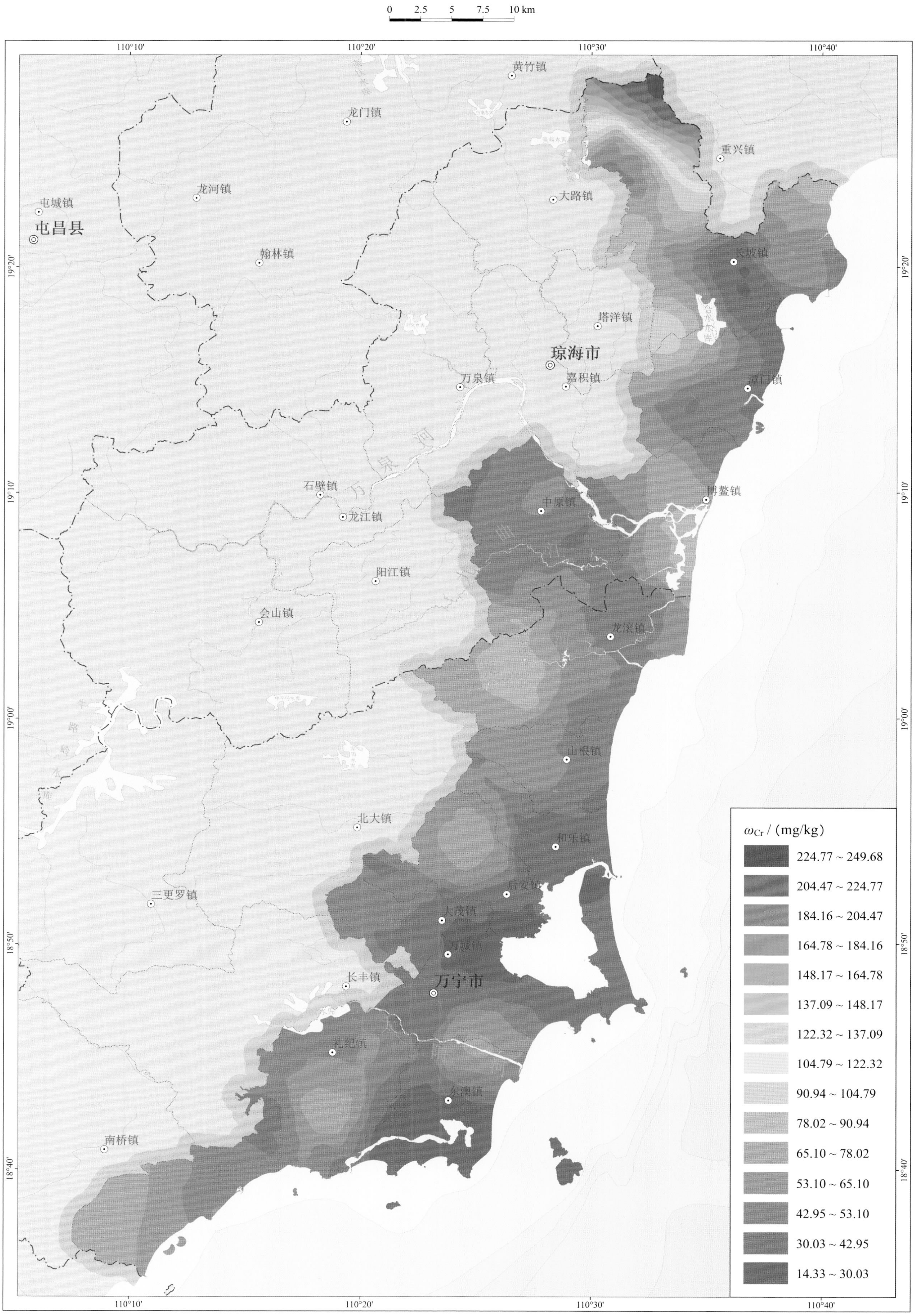
0 2.5 5 7.5 10 km
110°10'
110°20'
110°30'
110°40'
19°20'
19°10'
19°00'
18°50'
18°40'
黄竹镇
龙门镇
重兴镇
龙河镇
大路镇
屯城镇
屯昌县
翰林镇
长坡镇
塔洋镇
琼海市
万泉镇
嘉积镇
潭门镇
博鳌镇
石壁镇
中原镇
龙江镇
阳江镇
会山镇
龙滚镇
山根镇
北大镇
和乐镇
三更罗镇
后安镇
大茂镇
万城镇
长丰镇
万宁市
礼纪镇
东澳镇
南桥镇
ω_{Cr} / (mg/kg)
224.77 ~ 249.68
204.47 ~ 224.77
184.16 ~ 204.47
164.78 ~ 184.16
148.17 ~ 164.78
137.09 ~ 148.17
122.32 ~ 137.09
104.79 ~ 122.32
90.94 ~ 104.79
78.02 ~ 90.94
65.10 ~ 78.02
53.10 ~ 65.10
42.95 ~ 53.10
30.03 ~ 42.95
14.33 ~ 30.03

琼海—万宁海岸带地区表层土壤中重金属铬（Cr）元素含量为 14.33~249.68 mg/kg，整体含量较低。表层土壤中铬元素整体分布不均匀，高值区主要集中在琼海市长坡镇北部，含量为 224.77~249.68 mg/kg。其他大部分地区含量较低，含量在 104 mg/kg 以下。

5.12　琼海—万宁海岸带地区铅元素地球化学图

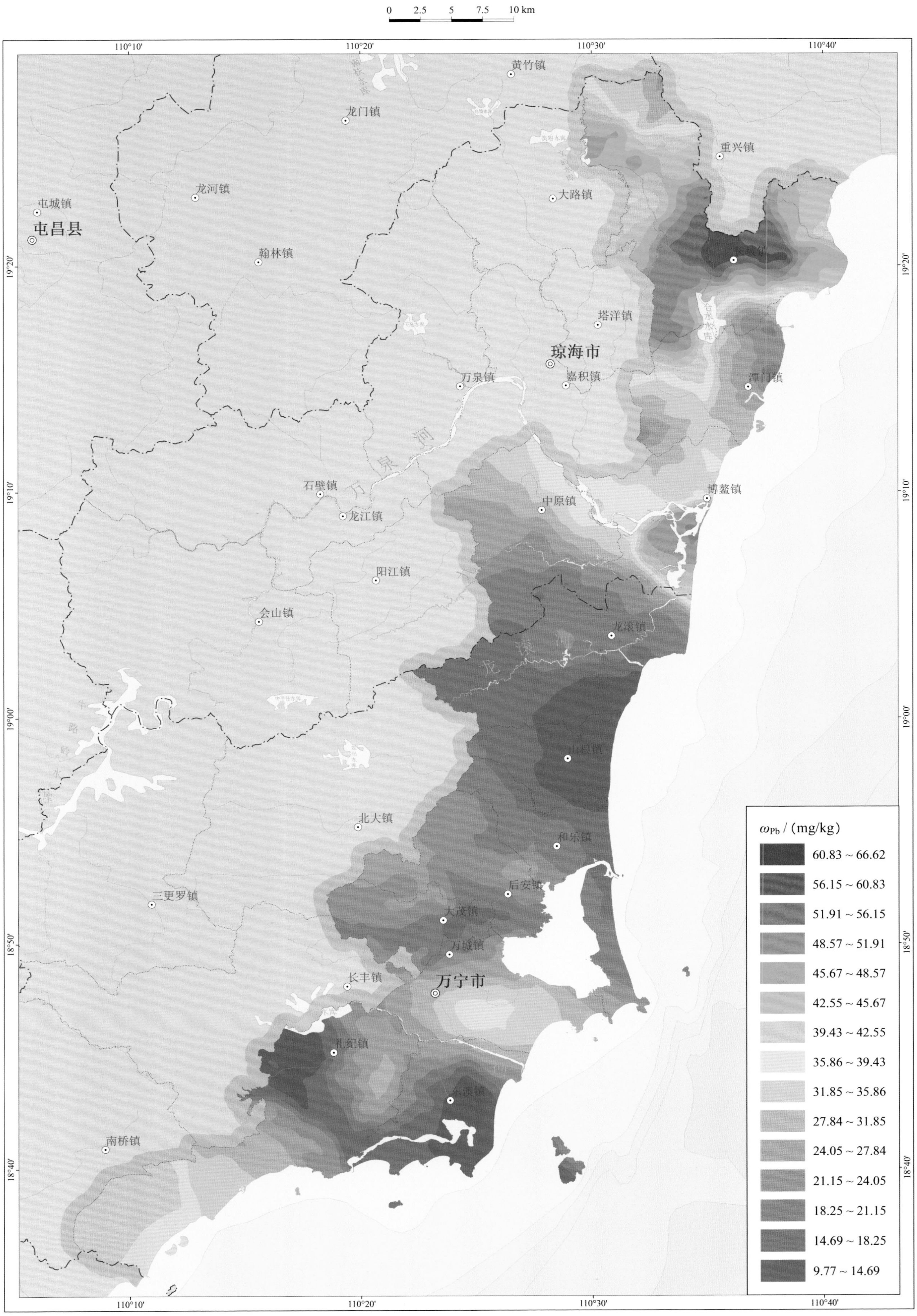
0　2.5　5　7.5　10 km
110°10'
110°20'
110°30'
110°40'
19°20'
19°10'
19°00'
18°50'
18°40'
黄竹镇
龙门镇
重兴镇
龙河镇
大路镇
屯城镇
屯昌县
翰林镇
长坡镇
塔洋镇
琼海市
嘉积镇
万泉镇
潭门镇
万泉河
石壁镇
博鳌镇
中原镇
龙江镇
阳江镇
会山镇
龙滚镇
龙滚河
山根镇
北大镇
和乐镇
后安镇
三更罗镇
大茂镇
万城镇
长丰镇
万宁市
礼纪镇
东澳镇
南桥镇
ωPb / (mg/kg)
60.83 ~ 66.62
56.15 ~ 60.83
51.91 ~ 56.15
48.57 ~ 51.91
45.67 ~ 48.57
42.55 ~ 45.67
39.43 ~ 42.55
35.86 ~ 39.43
31.85 ~ 35.86
27.84 ~ 31.85
24.05 ~ 27.84
21.15 ~ 24.05
18.25 ~ 21.15
14.69 ~ 18.25
9.77 ~ 14.69

琼海—万宁海岸带地区表层土壤中重金属铅（Pb）元素含量为9.77~66.62 mg/kg，整体含量较低。表层土壤中铅元素整体分布不均匀，高值区主要集中在琼海市长坡镇中北部地区及博鳌镇沙美内海潟湖区；中值区主要分布在万宁市万城镇东部及礼纪镇西南部；其他大部分地区含量较低，含量在18 mg/kg以下。

5.13 琼海—万宁海岸带地区镍元素地球化学图

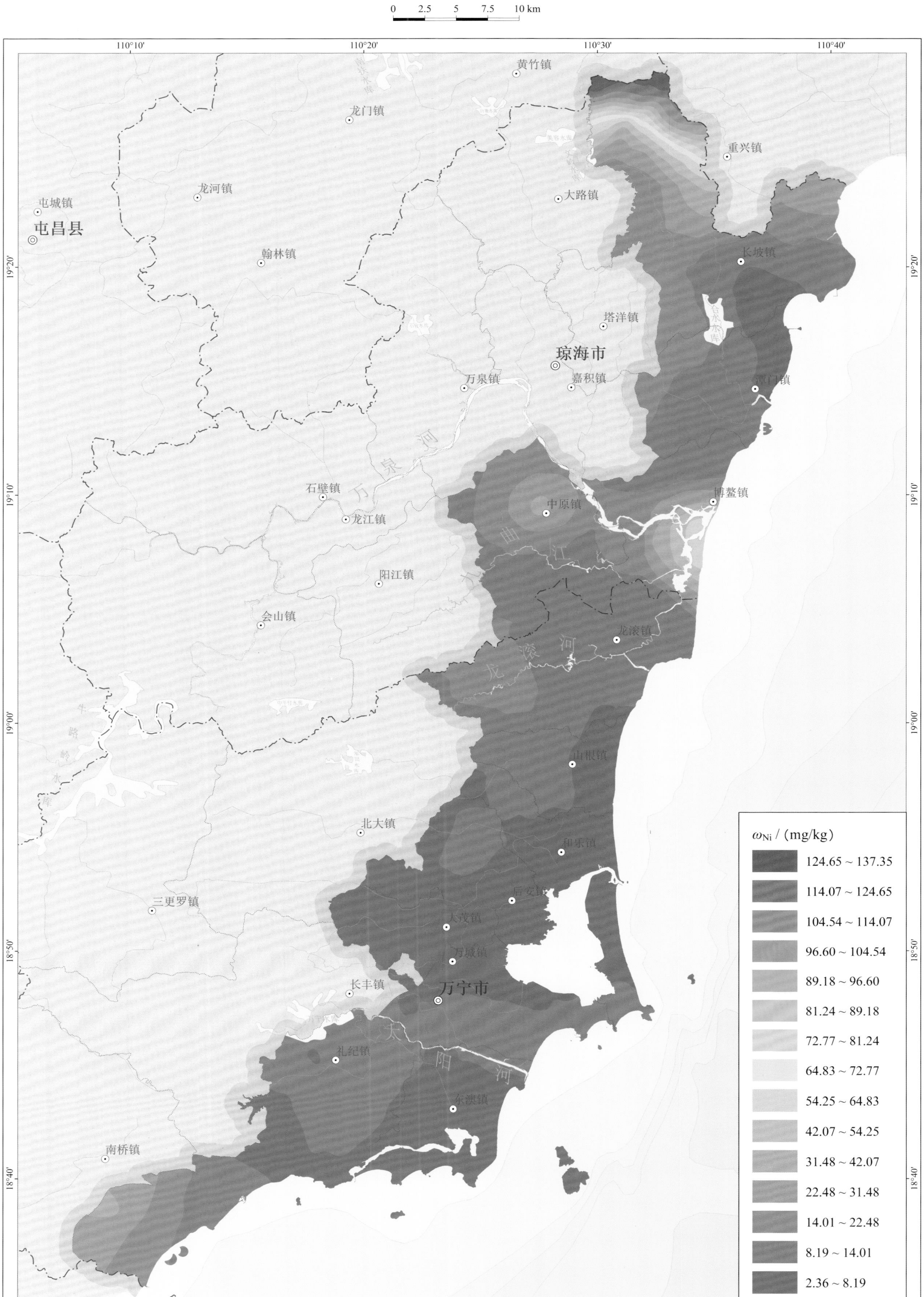
0 2.5 5 7.5 10 km
110°10'
110°20'
110°30'
110°40'
19°20'
19°10'
19°00'
18°50'
18°40'
黄竹镇
龙门镇
重兴镇
龙河镇
大路镇
屯城镇
屯昌县
翰林镇
长坡镇
塔洋镇
琼海市
万泉镇
嘉积镇
潭门镇
万泉河
石壁镇
中原镇
博鳌镇
龙江镇
阳江镇
会山镇
龙滚镇
龙滚河
山根镇
北大镇
和乐镇
三更罗镇
后安镇
大茂镇
万城镇
长丰镇
万宁市
礼纪镇
太阳河
东澳镇
南桥镇
ω_{Ni} / (mg/kg)
124.65 ~ 137.35
114.07 ~ 124.65
104.54 ~ 114.07
96.60 ~ 104.54
89.18 ~ 96.60
81.24 ~ 89.18
72.77 ~ 81.24
64.83 ~ 72.77
54.25 ~ 64.83
42.07 ~ 54.25
31.48 ~ 42.07
22.48 ~ 31.48
14.01 ~ 22.48
8.19 ~ 14.01
2.36 ~ 8.19

琼海—万宁海岸带地区表层土壤中重金属镍（Ni）元素含量为2.36~137.35 mg/kg，整体含量较低，空间分布不均匀。镍元素高值区主要集中在琼海市长坡镇北部地区，含量为64.83~137.35 mg/kg。其他大部分地区镍元素含量较低，含量在54 mg/kg以下。

5.14 琼海—万宁海岸带地区镉元素地球化学图

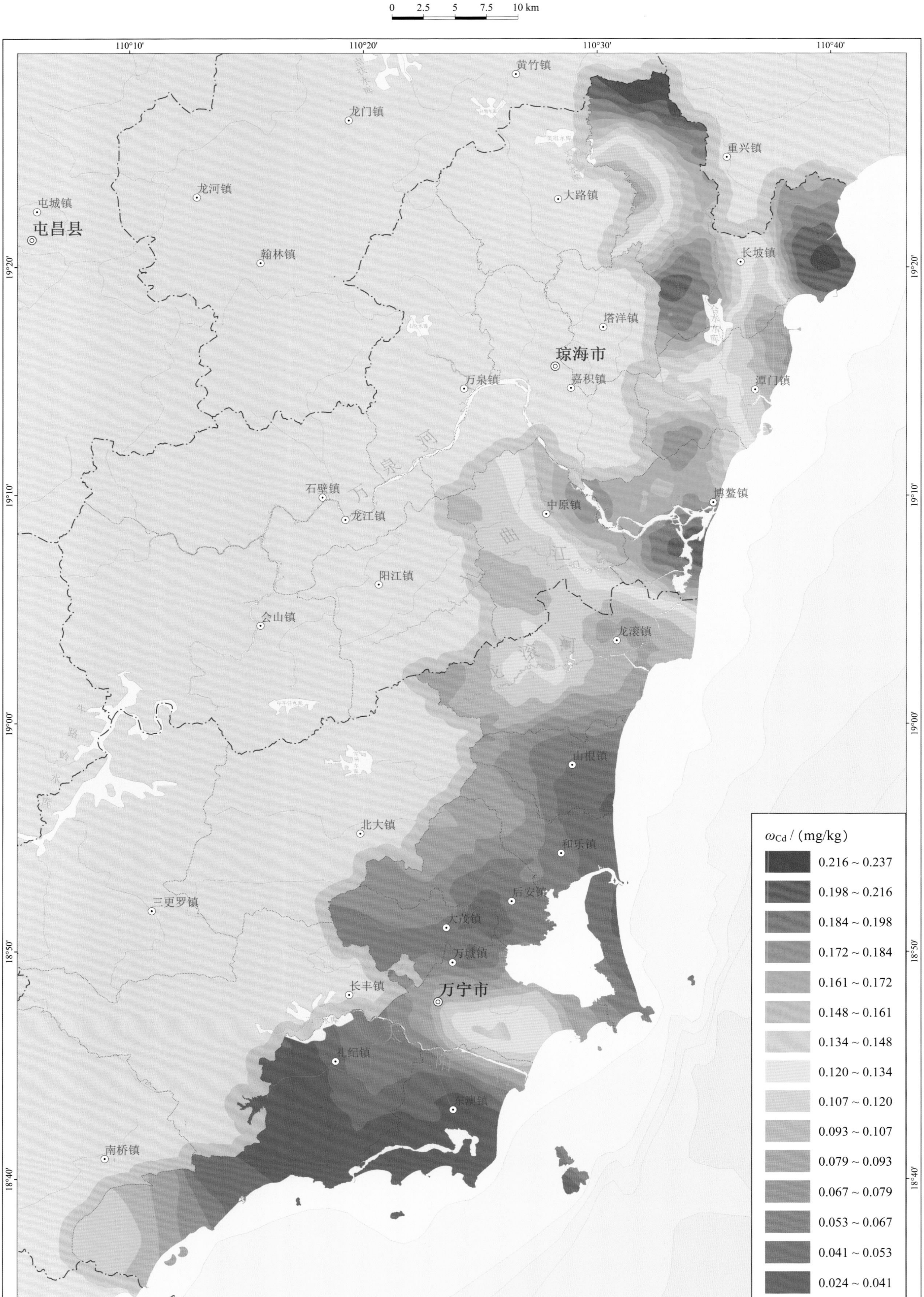

琼海—万宁海岸带地区表层土壤中重金属镉（Cd）元素含量为0.024~0.237 mg/kg，空间分布不均匀。北部地区镉元素含量较高，南部地区含量较低；高值区主要集中在琼海市长坡镇、博鳌镇，含量为0.161~0.237 mg/kg；中值区主要分布在万宁市龙滚镇、万城镇南部和礼纪镇西南部。万宁市山根镇、和乐镇、东澳镇地区镉元素含量较低，含量在0.079 mg/kg以下。

5.15 琼海—万宁海岸带地区砷元素地球化学图

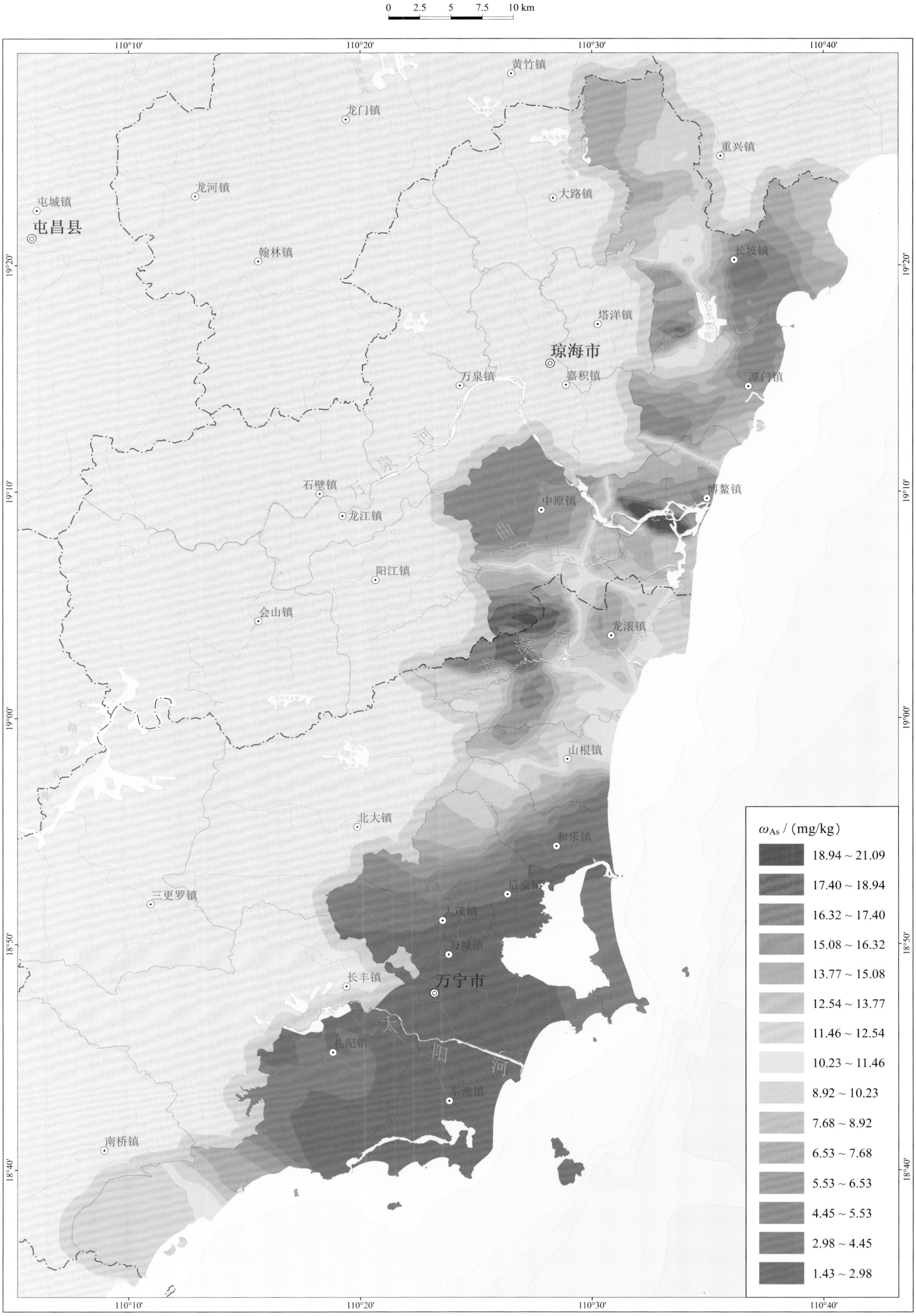

琼海—万宁海岸带地区表层土壤中重金属砷（As）元素含量为 1.43~21.09 mg/kg，整体分布不均匀。砷元素高值区主要集中在琼海市长坡镇、博鳌镇、中原镇南部和万宁市龙滚镇西部、山根镇西北部，含量达 12.54 mg/kg 以上。其他大部分地区砷元素含量较低，含量在 6.53 mg/kg 以下。

5.16 琼海—万宁海岸带地区汞元素地球化学图

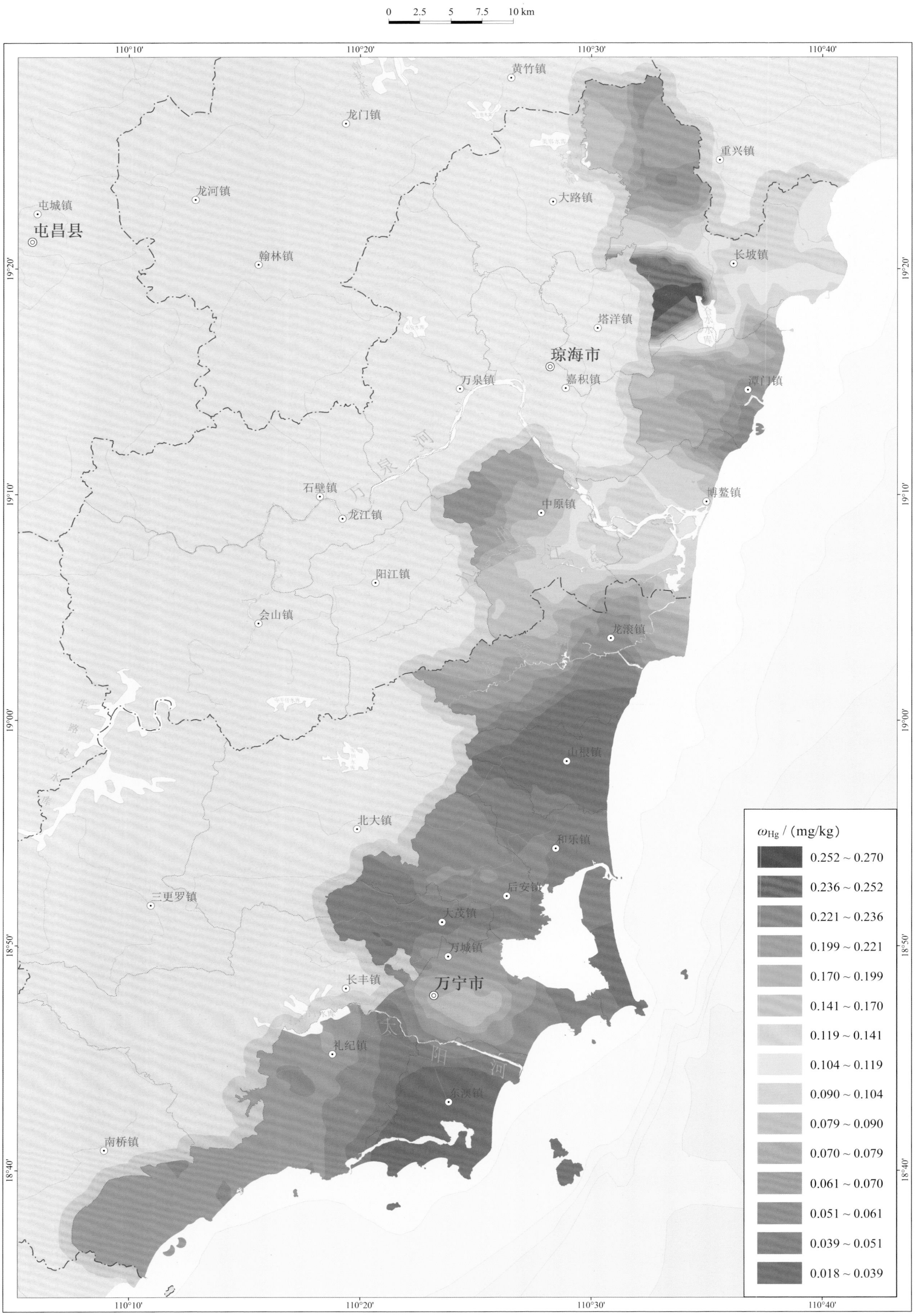
0 2.5 5 7.5 10 km
110°10'
110°20'
110°30'
110°40'
19°20'
19°10'
19°00'
18°50'
18°40'
黄竹镇
龙门镇
重兴镇
龙河镇
大路镇
屯城镇
屯昌县
翰林镇
长坡镇
塔洋镇
琼海市
万泉镇
嘉积镇
潭门镇
石壁镇
龙江镇
中原镇
博鳌镇
阳江镇
会山镇
龙滚镇
山根镇
北大镇
和乐镇
三更罗镇
后安镇
大茂镇
万城镇
长丰镇
万宁市
礼纪镇
东澳镇
南桥镇
ω_{Hg} / (mg/kg)
0.252 ~ 0.270
0.236 ~ 0.252
0.221 ~ 0.236
0.199 ~ 0.221
0.170 ~ 0.199
0.141 ~ 0.170
0.119 ~ 0.141
0.104 ~ 0.119
0.090 ~ 0.104
0.079 ~ 0.090
0.070 ~ 0.079
0.061 ~ 0.070
0.051 ~ 0.061
0.039 ~ 0.051
0.018 ~ 0.039

琼海—万宁海岸带地区表层土壤中重金属汞（Hg）元素含量为 0.018~0.270 mg/kg，整体含量较低，空间分布不均匀。万泉河下游流域汞元素含量稍高，南部地区含量较低；高值区主要集中在琼海市长坡镇北部局部地区，含量为 0.221~0.270 mg/kg。其他大部分地区汞元素含量较低，含量在 0.090 mg/kg 以下。

6 资源–环境–生态评价

土地质量地球化学评价是实现土地资源管理与生态管护的一项重要工作。为了规范本章节图件表达，增加其准确性、科学性，此部分涉及的样点布设、样品采集、样品处理与分析、评价指标选择、等级划分、成果表述等内容均以《土地质量地球化学评价规范》（DZ/T 0295—2016）为参考。

6.1 琼海—万宁海岸带地区土壤有机质含量丰缺分级图

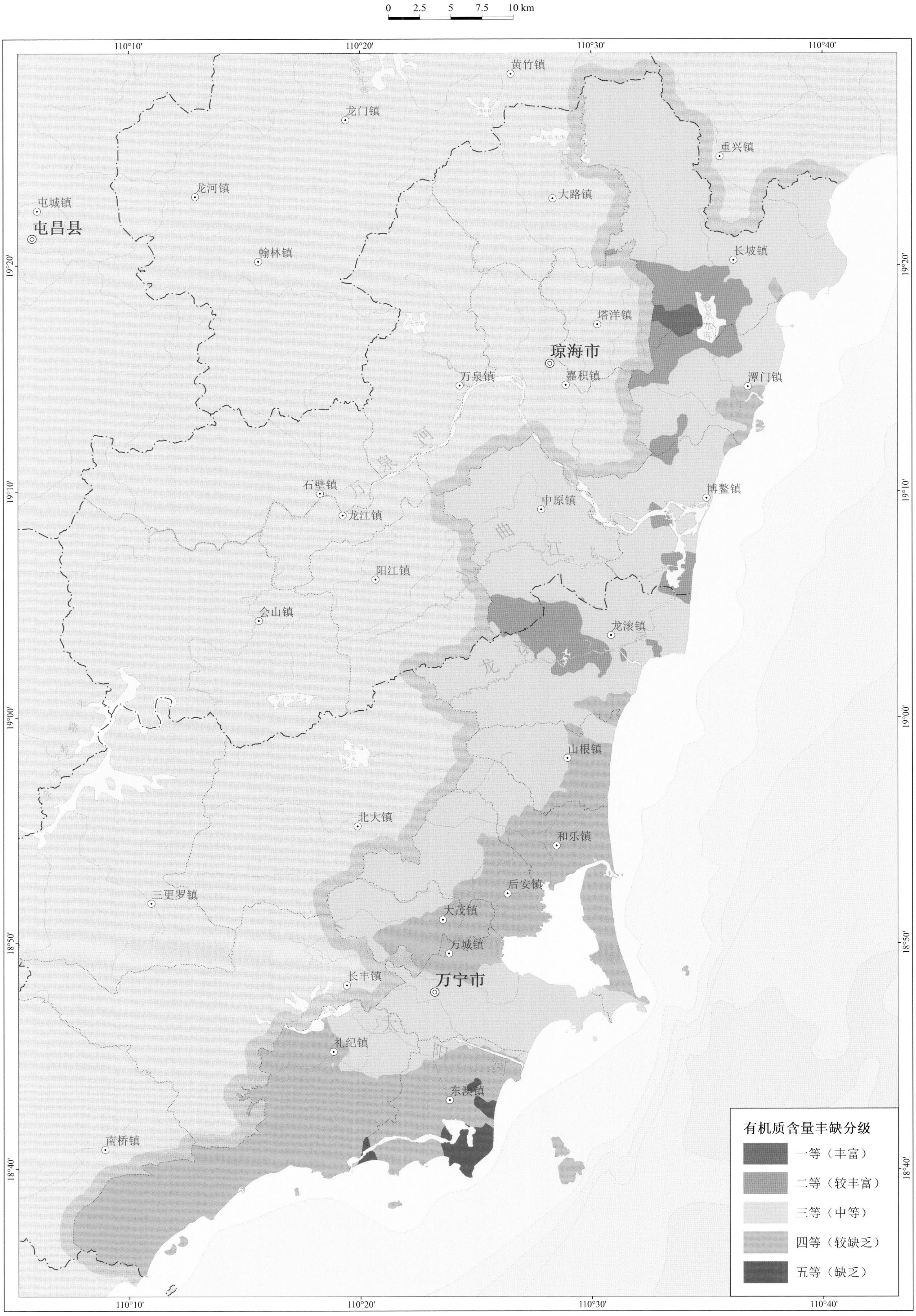

琼海—万宁海岸带地区表层土壤有机质含量等级以三等（中等）为主，占59.6%；其次为四等（较缺乏），占31.3%；一等（丰富）和二等（较丰富）仅占0.5%。万宁市龙滚镇和琼海市中原镇、长坡镇零星地段有机质含量相对较高，万宁市东澳镇神州半岛南部沿海有机质含量等级为五等（缺乏）。

6.2 琼海—万宁海岸带地区表层土壤全氮含量丰缺分级图

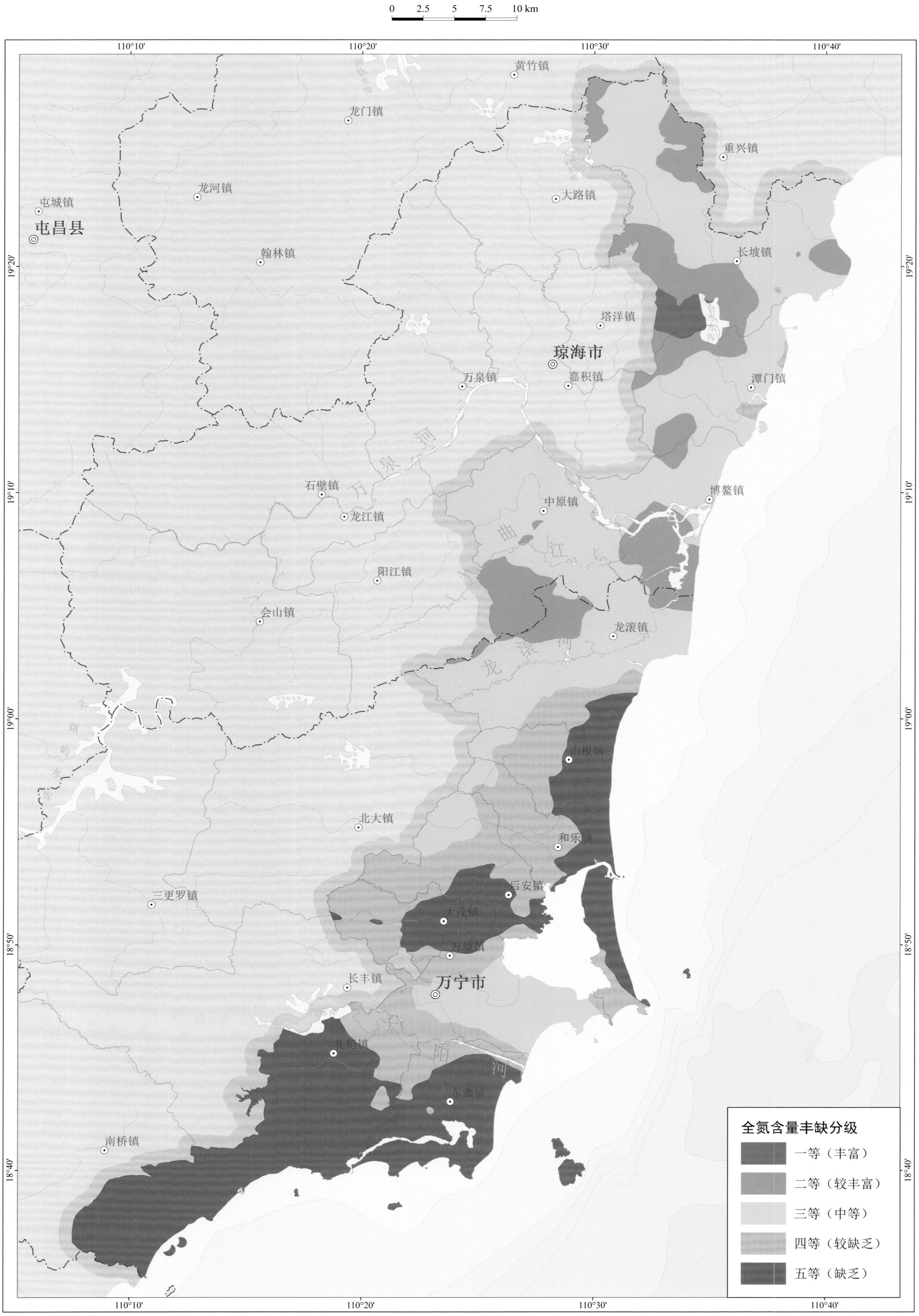

琼海—万宁海岸带地区表层土壤全氮含量等级以三等（中等）为主，占40.49%；其次为五等（缺乏），占27.81%；一等（丰富）和二等（较丰富）仅占1.05%，一等（丰富）区域位于琼海市长坡镇西部。万宁市和乐镇、山根镇沿海区域，万城镇、大茂镇、东澳镇、礼纪镇等地区表层土壤全氮含量等级为五等（缺乏）。

6.3 琼海—万宁海岸带地区表层土壤全磷含量丰缺分级图

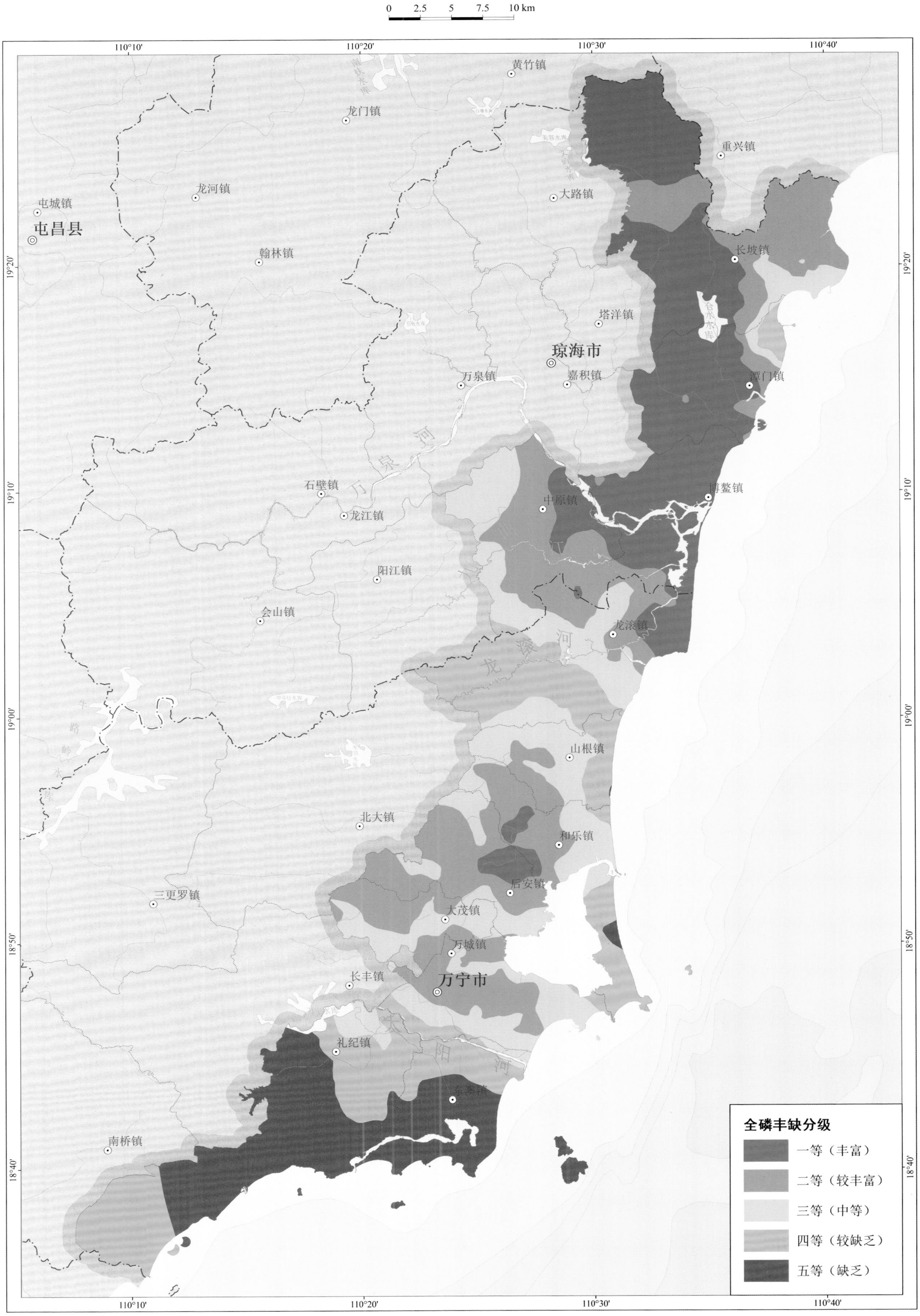

琼海—万宁海岸带地区表层土壤全磷含量等级以一等（丰富）和二等（较丰富）为主，两者占 50.07%；其次为三等（中等），占 19.87%。空间分布上，表层土壤全磷含量总体上呈连片分布，琼海市长坡镇、潭门镇和博鳌镇全磷含量丰富，万宁市礼纪镇和东澳镇全磷含量缺乏。

6.4 琼海—万宁海岸带地区表层土壤全钾含量丰缺分级图

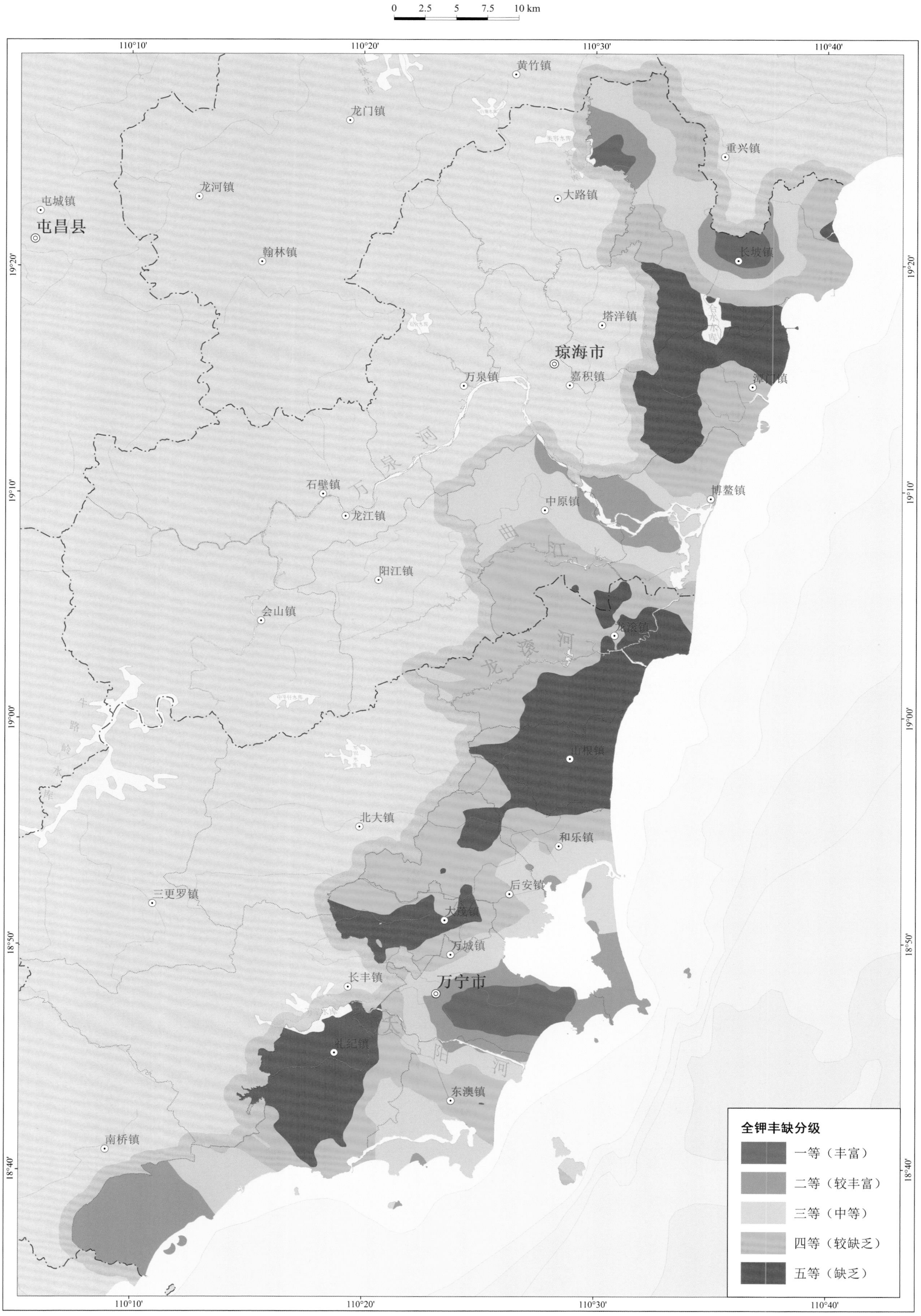

琼海—万宁海岸带地区表层土壤全钾含量四等（较缺乏）占 35.42%；其次为五等（缺乏），占 25.82%，五等（缺乏）区域分布于琼海市潭门镇中西部，万宁市山根镇、龙滚镇南部、大茂镇西南部及礼纪镇北部地区；三等（中等）、二等（较丰富）及一等（丰富）占 38.76%，一等（丰富）区域分布于琼海市长坡镇西部及北部和万宁市万城镇东南部。

6.5 琼海—万宁海岸带地区表层土壤富硒程度图

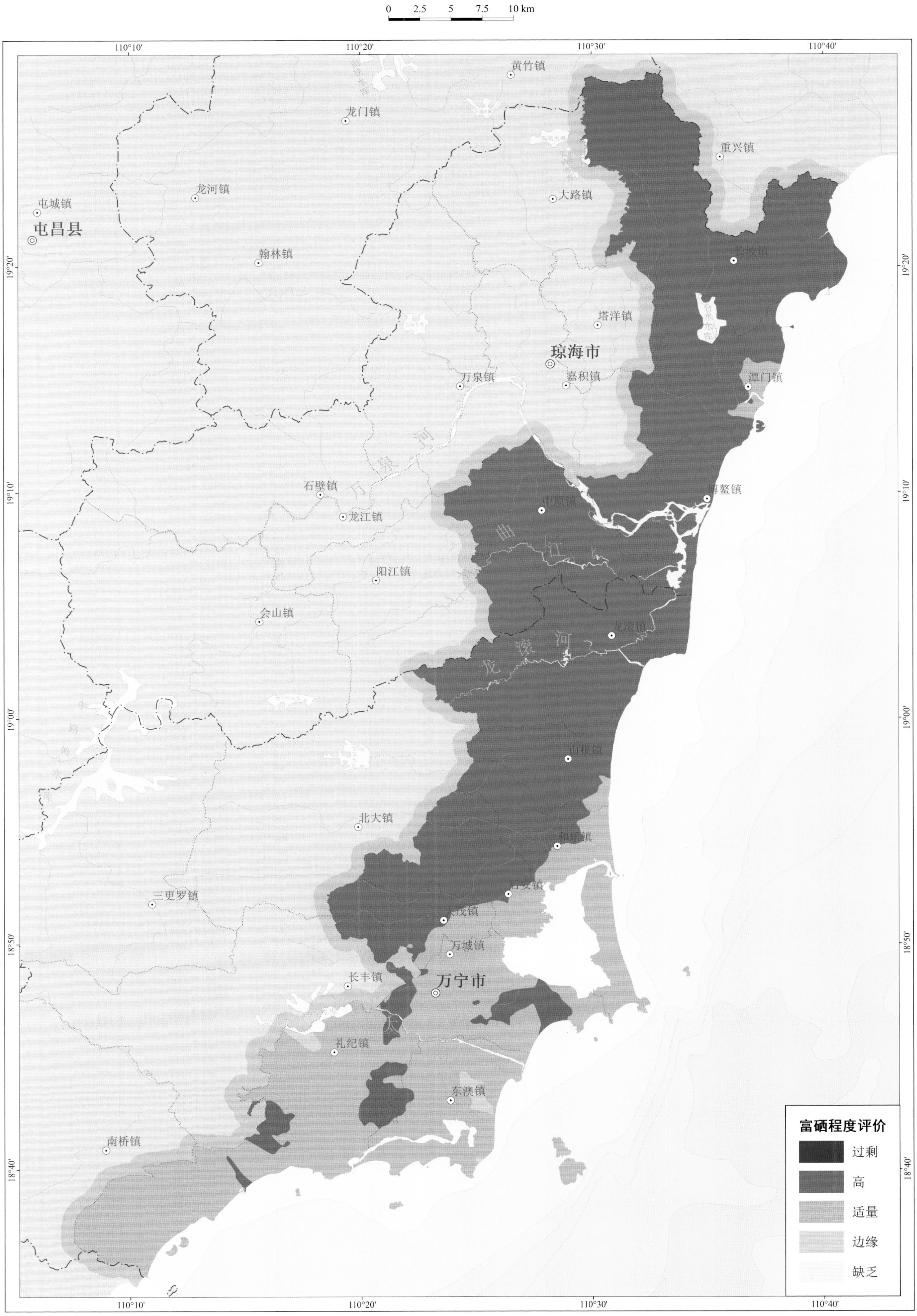

琼海—万宁海岸带地区表层土壤富硒程度大部分为高含量，占总面积的 68.16%，31.3% 的区域富硒程度为适量，0.53% 为边缘。空间分布上，富硒程度高含量区主要在北部，长坡镇—大茂镇大部分区域为高含量区；大茂镇以南至礼纪镇大部分区域为适量区，零星分布高含量区。

6.6 琼海—万宁海岸带地区表层土壤环境地球化学（锌）等级图

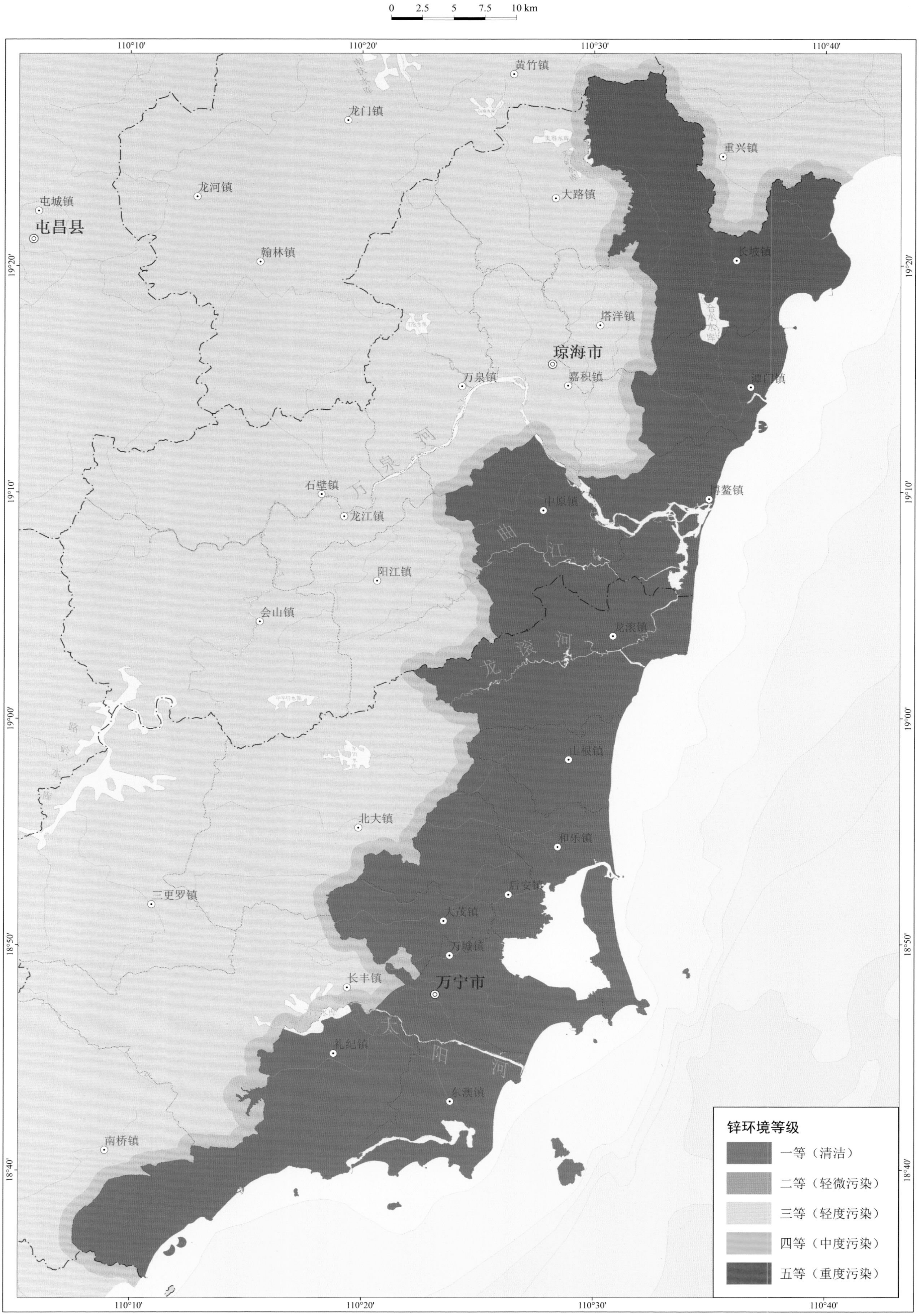

琼海—万宁海岸带地区表层土壤重金属锌环境等级均为一等（清洁），无污染。

6.7 琼海—万宁海岸带地区表层土壤环境地球化学（铜）等级图

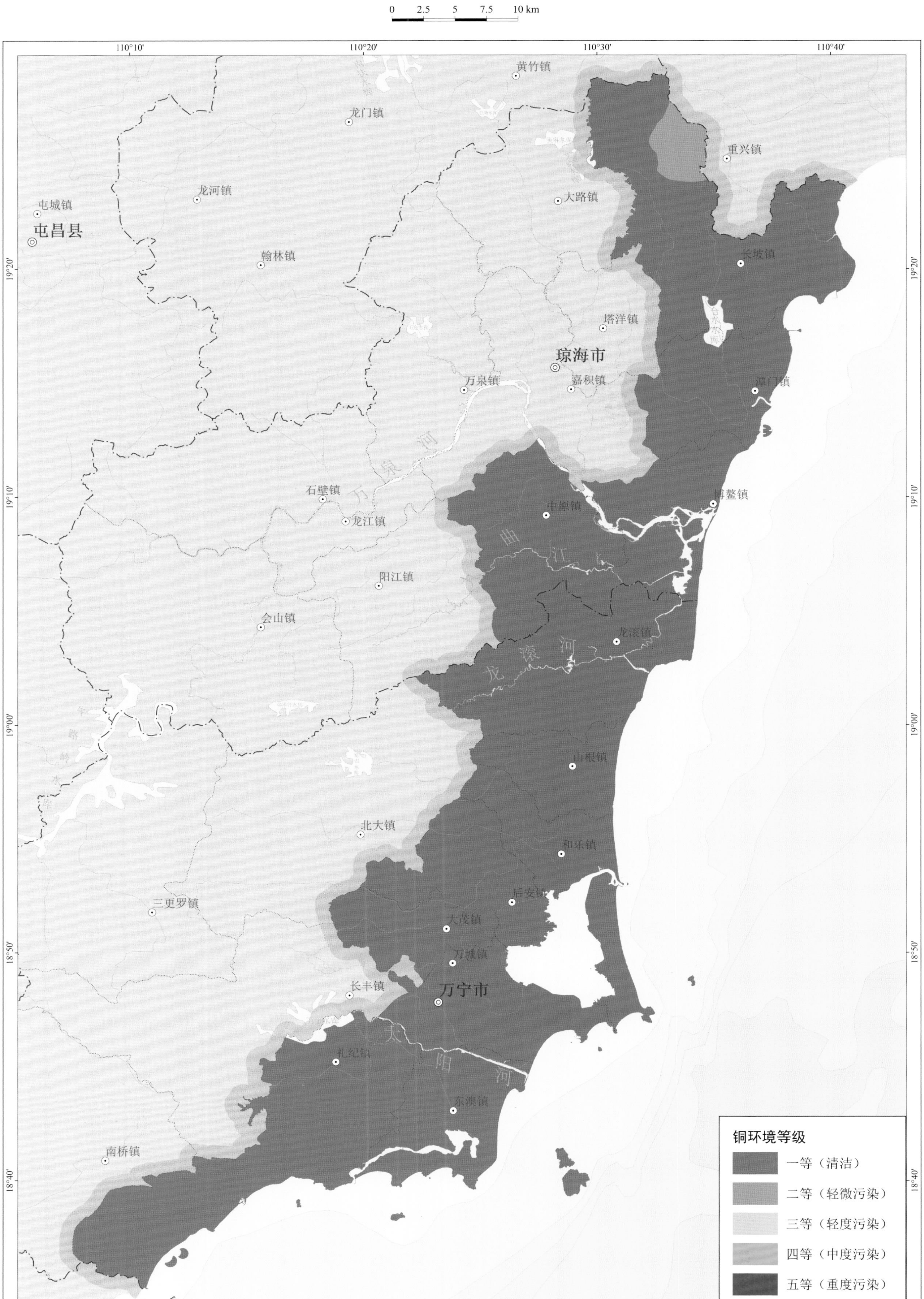

琼海—万宁海岸带地区表层土壤重金属铜环境等级大部分为一等（清洁），占 98.54%，其余 1.46% 为二等（轻微污染），主要分布在长坡镇北部偏东地区，铜环境整体呈较好状态。

6.8 琼海—万宁海岸带地区表层土壤环境地球化学(铬)等级图

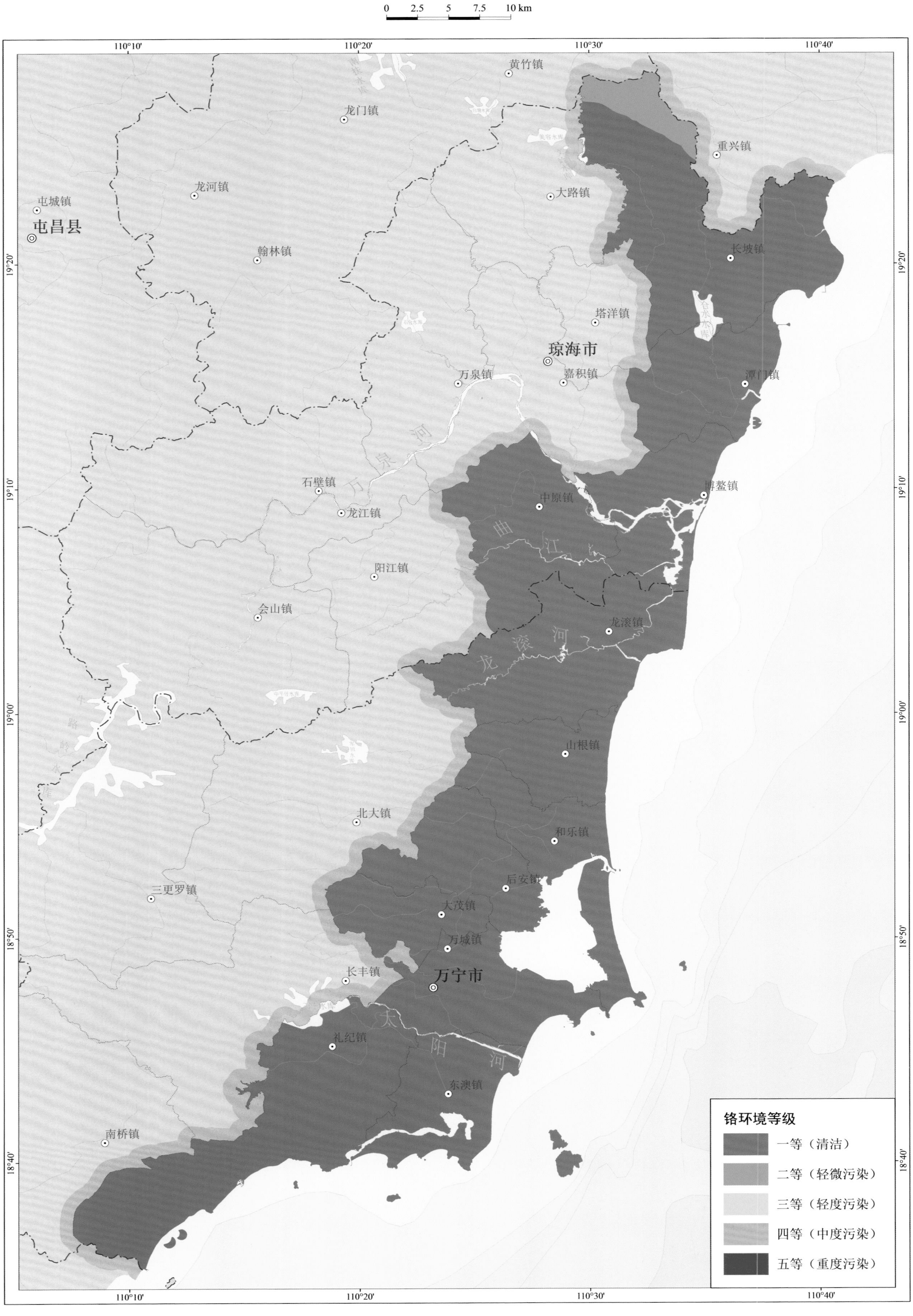

琼海—万宁海岸带地区表层土壤重金属铬环境等级大部分为一等（清洁），占总面积的98.1%，其余1.9%为二等（轻微污染），主要分布在琼海市长坡镇北部地区，铬环境整体呈较好状态。

6.9 琼海—万宁海岸带地区表层土壤环境地球化学(铅)等级图

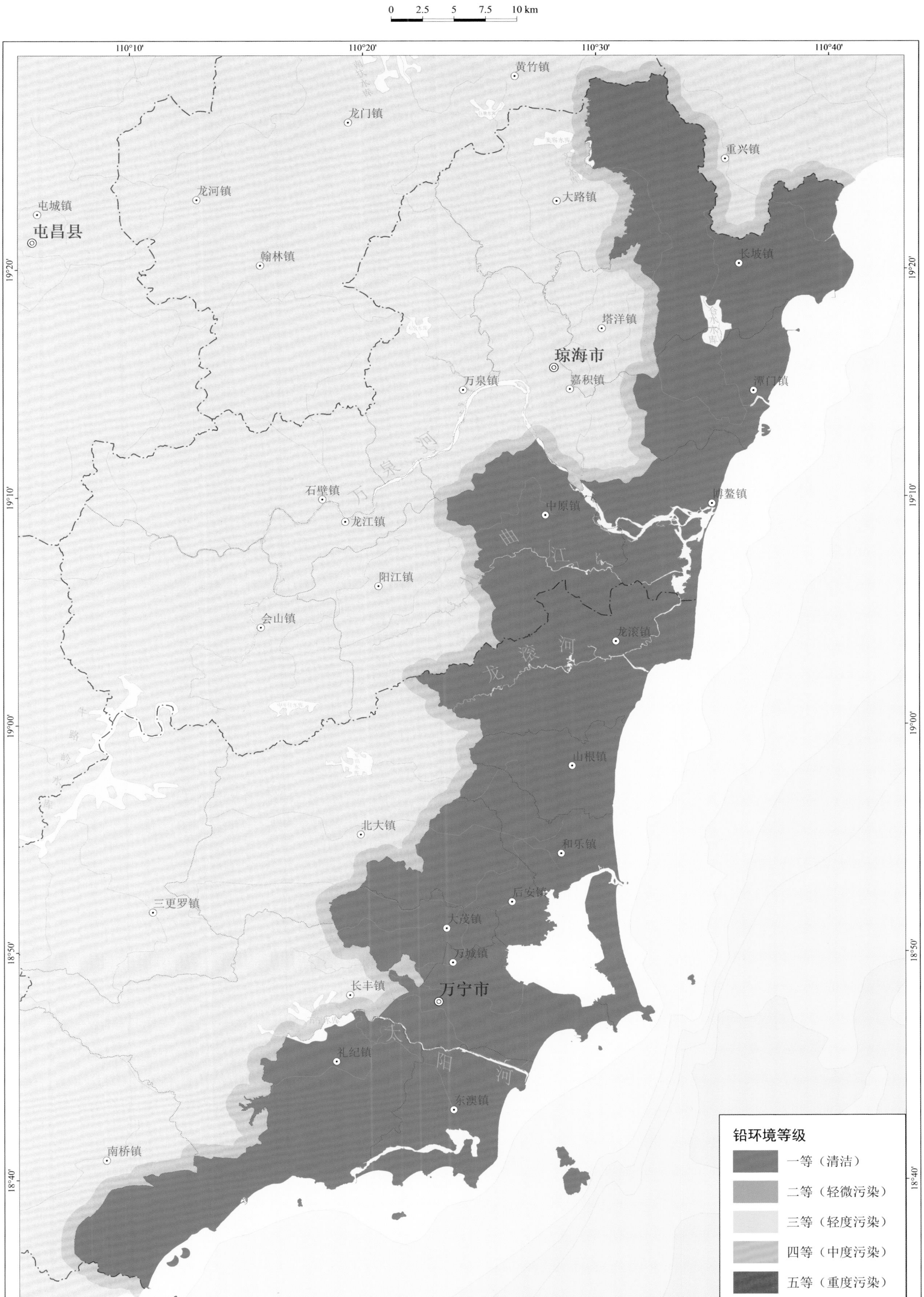

琼海—万宁海岸带地区表层土壤重金属铅环境等级均为一等(清洁)，无污染。

6.10 琼海—万宁海岸带地区表层土壤环境地球化学(镍)等级图

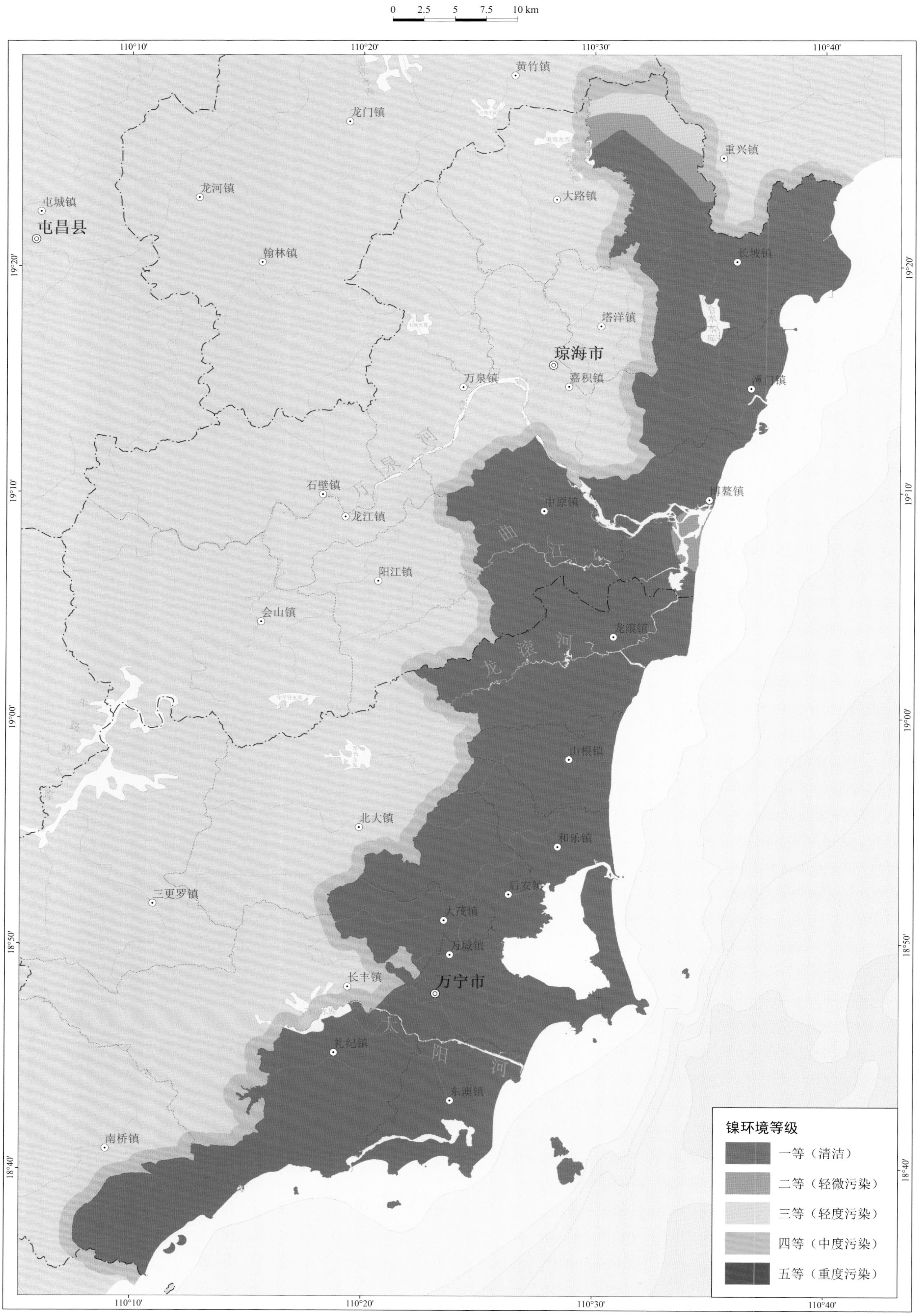

琼海—万宁海岸带地区表层土壤重金属镍环境等级大部分为一等（清洁），占 96.02%；其次为二等（轻微污染），占 2.14%，主要分布在琼海市长坡镇北部和博鳌镇万泉河口附近地区；三等（轻度污染）及以上占 1.84%，集中分布在琼海市长坡镇北部地区，局部地区污染程度达到四等（中度污染），需要引起重视。

6.11 琼海—万宁海岸带地区表层土壤环境地球化学（镉）等级图

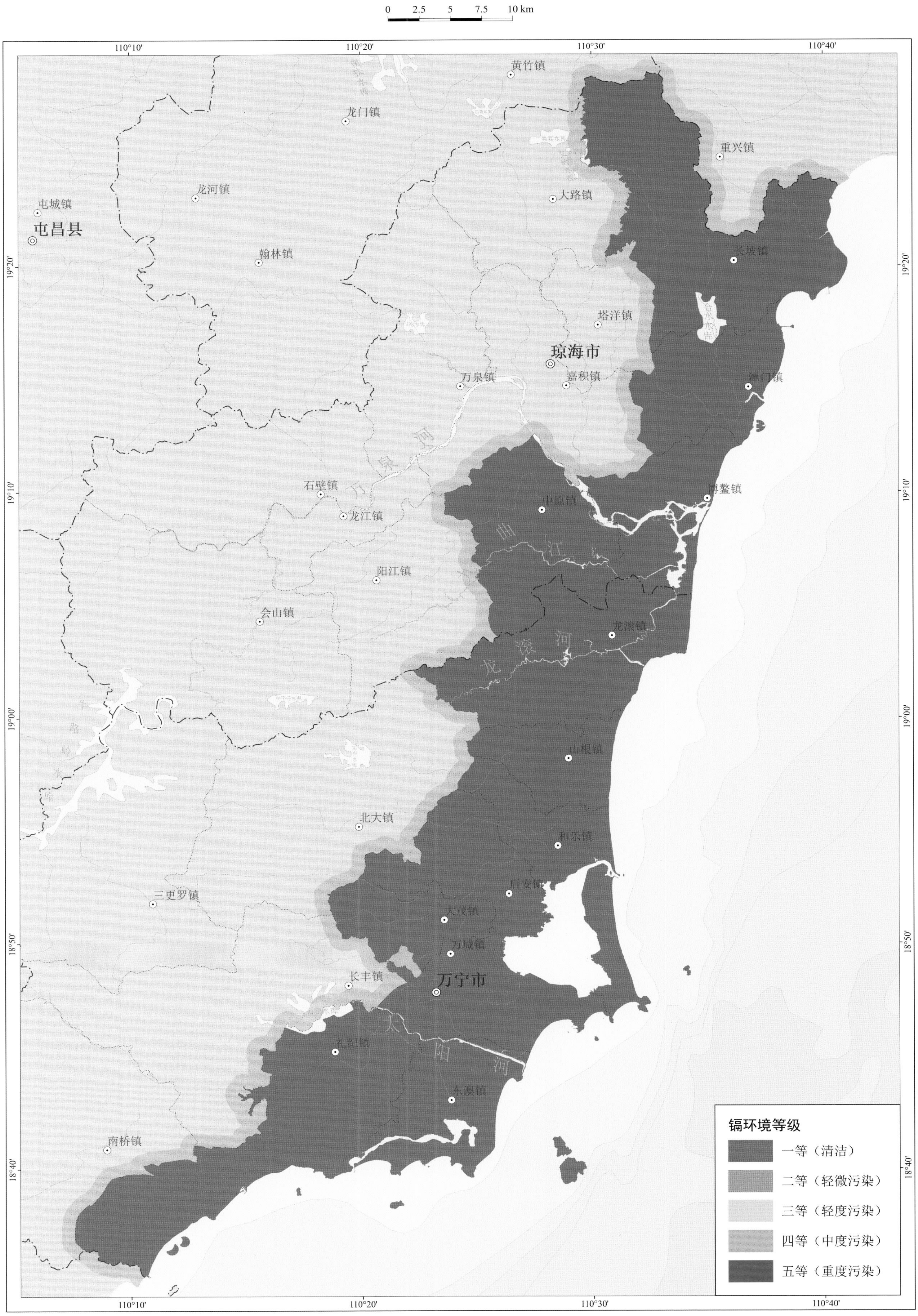

琼海—万宁海岸带地区表层土壤重金属镉环境等级均为一等（清洁），无污染。

6.12 琼海—万宁海岸带地区表层土壤环境地球化学（砷）等级图

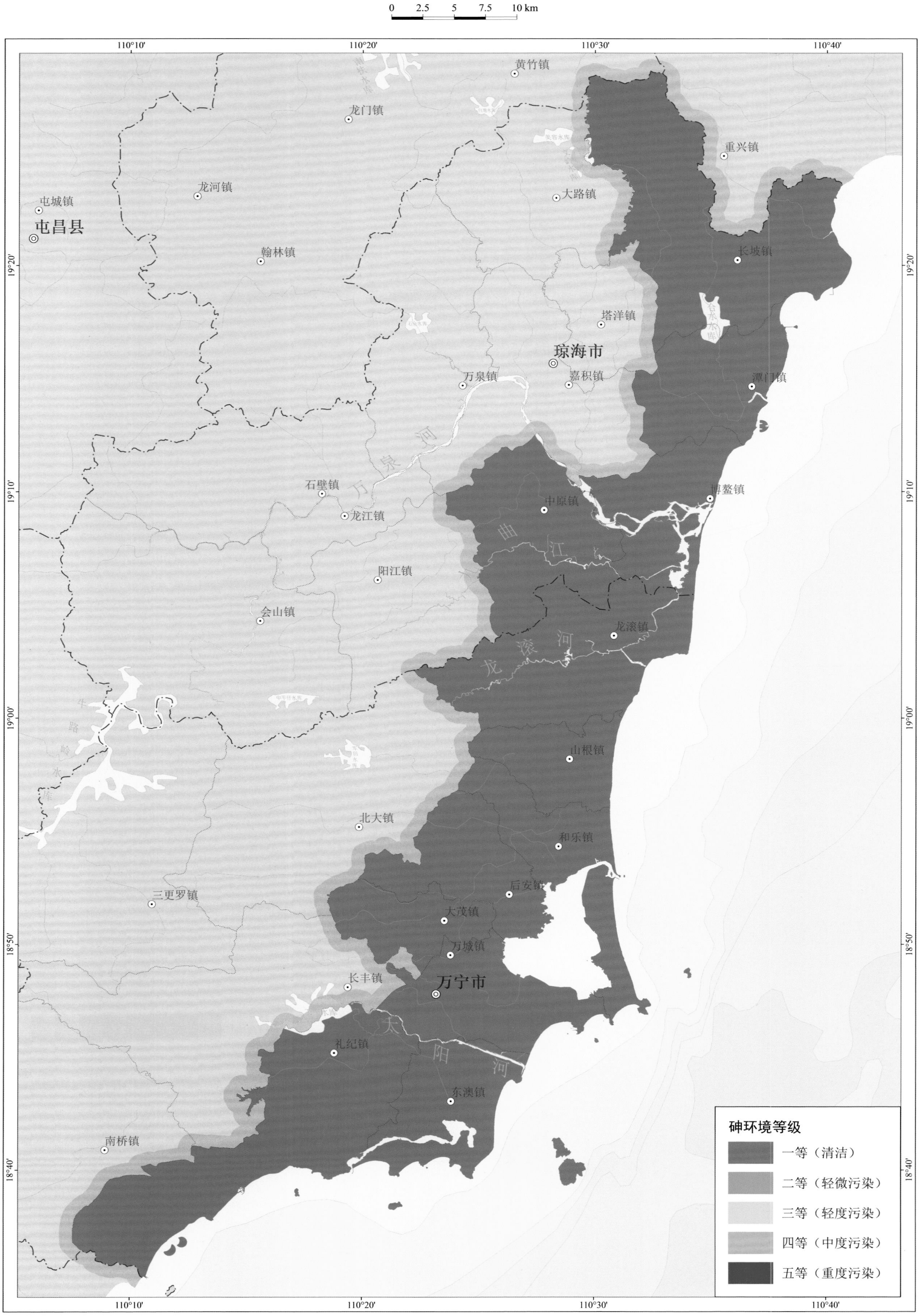

琼海—万宁海岸带地区表层土壤重金属砷环境等级均为一等（清洁），无污染。

6.13 琼海—万宁海岸带地区表层土壤环境地球化学（汞）等级图

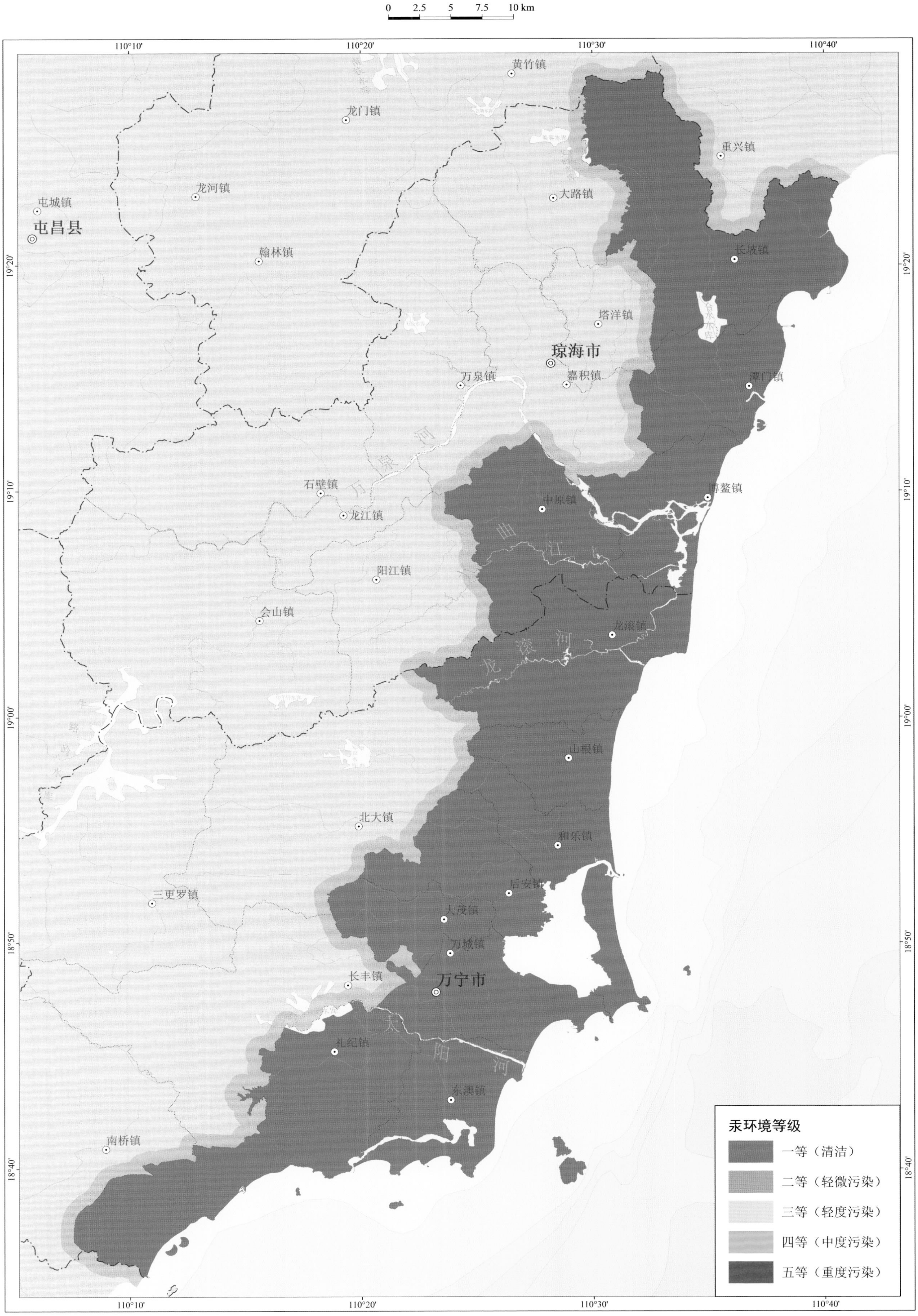

琼海—万宁海岸带地区表层土壤重金属汞环境等级均为一等（清洁），无污染。

6.14 琼海—万宁海岸带地区表层土壤养分地球化学综合等级图

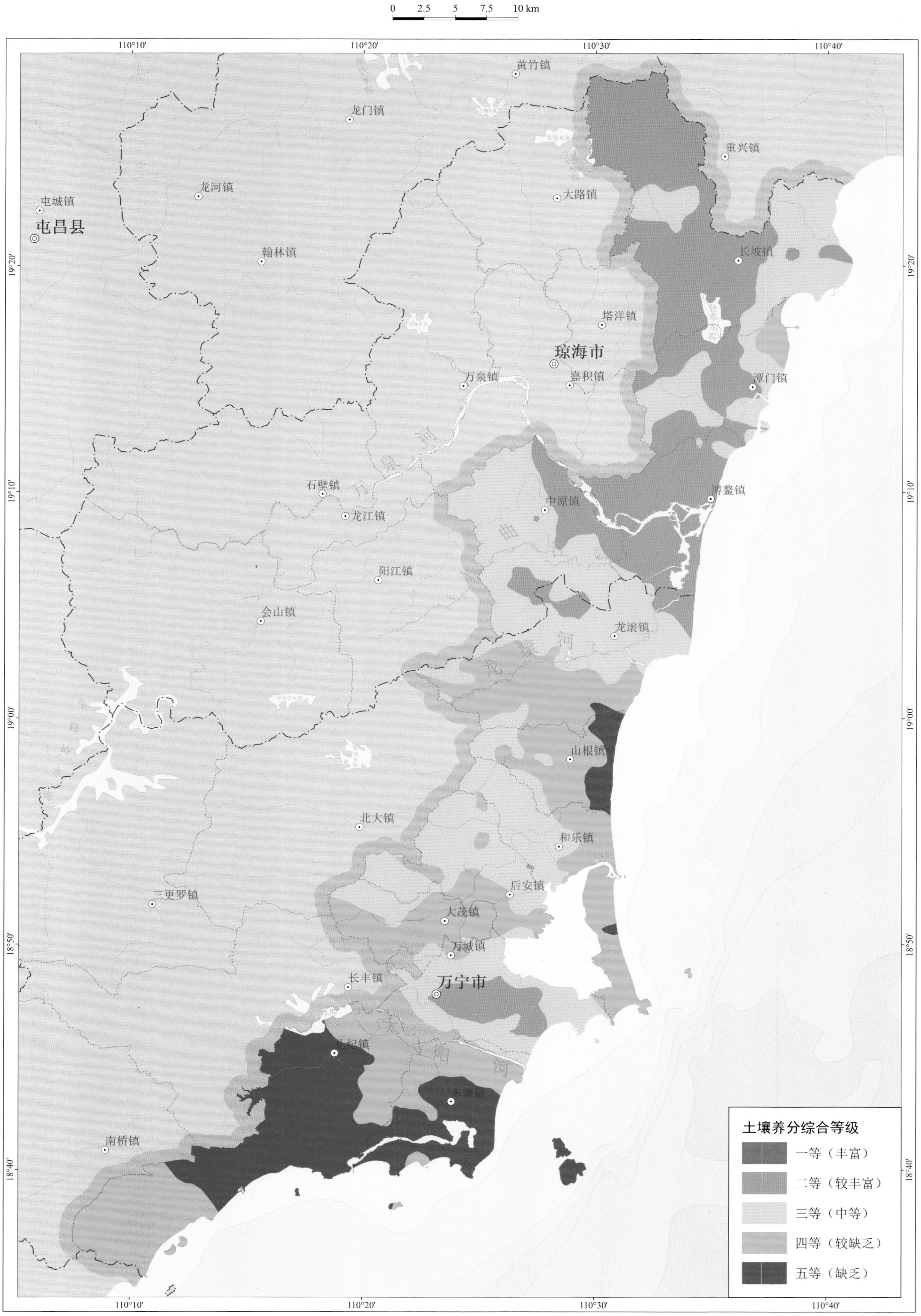

琼海—万宁海岸带地区表层土壤养分无一等（丰富）地区；二等（较丰富）地区占总面积的 25.56%，主要分布在琼海市长坡镇西部、潭门镇中部、博鳌镇及万宁市万城镇中部地区；三等（中等）地区占总面积的 34.73%，主要分布在琼海市长坡镇东部、潭门镇东部沿海及西部部分区域、中原镇西部，万宁市龙滚镇北部、和乐镇、后安镇西部及万城镇南部部分地区；四等（较缺乏）地区占总面积的 26.32%，主要分布在琼海市潭门镇东北部沿海地区，万宁市龙滚镇南部、山根镇中部、和乐镇东部、大茂镇、万城镇小海潟湖区东部地区及太阳河流域；五等（缺乏）地区占总面积的 13.38%，主要分布在万宁市礼纪镇中部、东澳镇南部沿岸地区和山根镇东部沿岸地区。

6.15 琼海—万宁海岸带地区表层土壤环境地球化学综合等级图

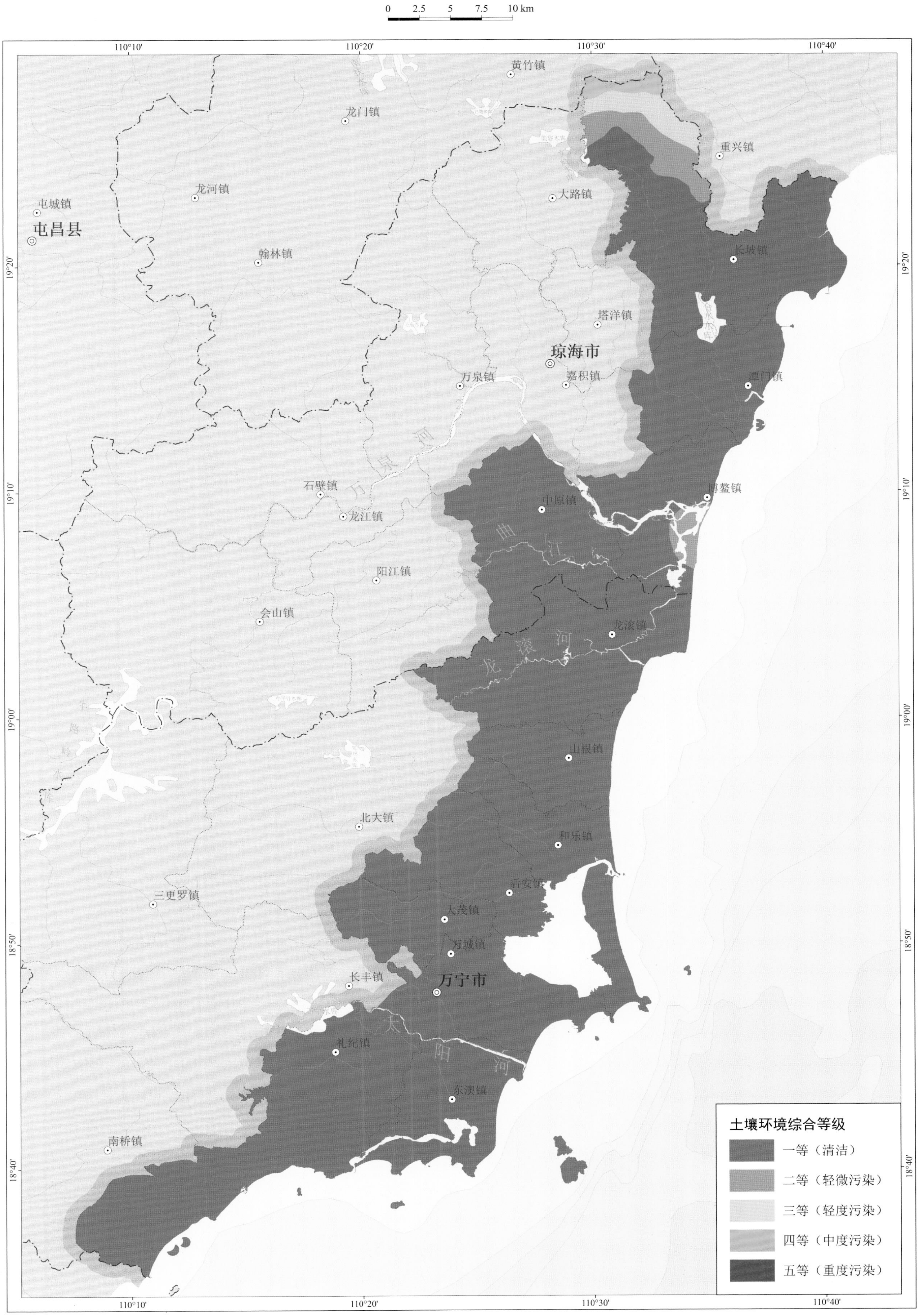

琼海—万宁海岸带地区表层土壤环境整体较好，大部分为一等（清洁），占95.85%；其次为二等（轻微污染），占2.32%，主要分布在琼海市长坡镇北部和博鳌镇万泉河口附近地区；三等（轻度污染）及以上占1.83%，集中分布在琼海市长坡镇北部地区。

6.16 琼海—万宁海岸带地区土壤质量地球化学综合等级图

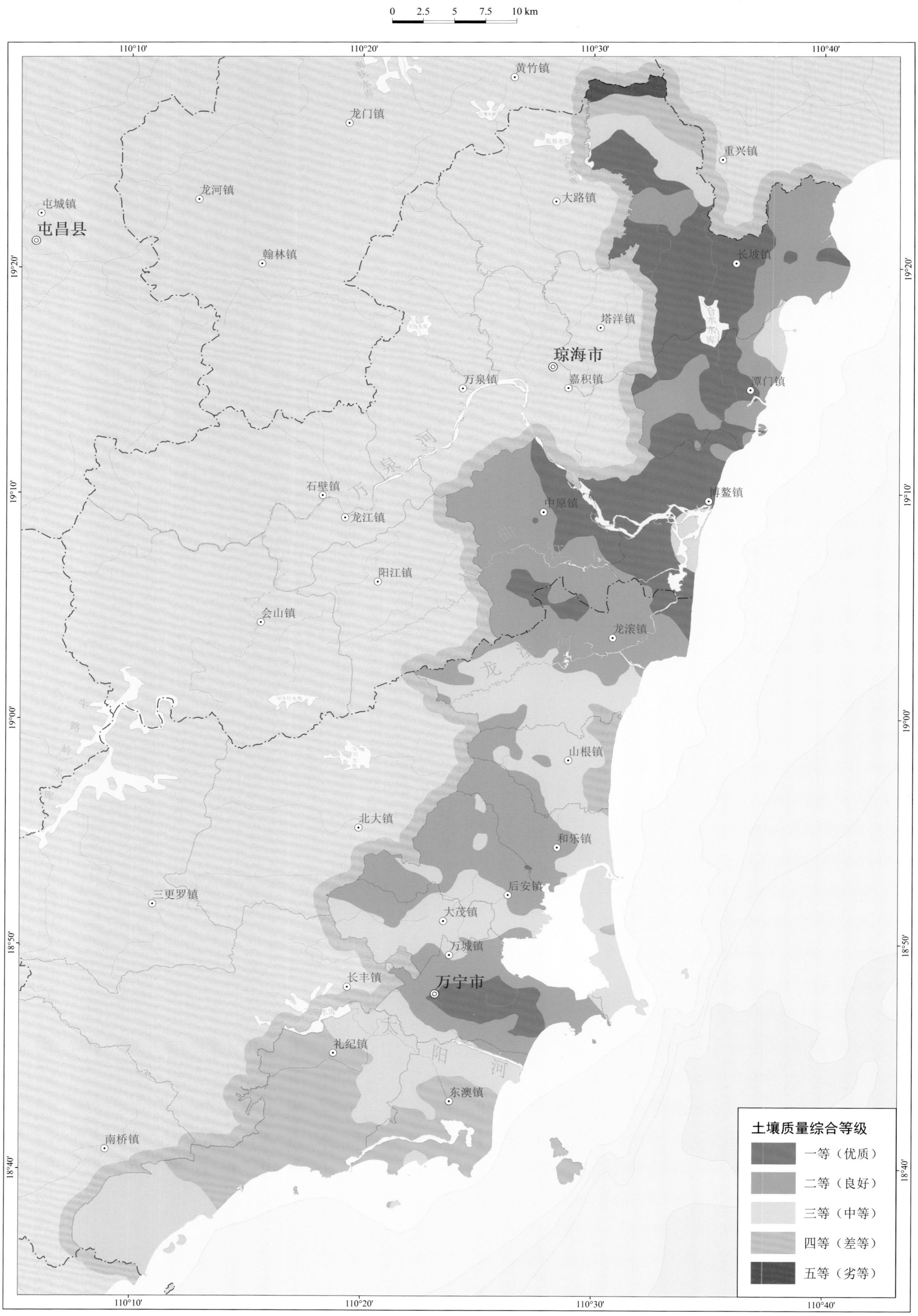
0 2.5 5 7.5 10 km
110°10'
110°20'
110°30'
110°40'
19°20'
19°10'
19°00'
18°50'
18°40'
黄竹镇
龙门镇
重兴镇
龙河镇
屯城镇
屯昌县
大路镇
翰林镇
长坡镇
塔洋镇
琼海市
万泉镇
嘉积镇
潭门镇
万泉河
博鳌镇
石壁镇
中原镇
龙江镇
阳江镇
会山镇
龙滚镇
山根镇
北大镇
和乐镇
三更罗镇
后安镇
大茂镇
万城镇
长丰镇
万宁市
礼纪镇
太阳河
东澳镇
南桥镇
土壤质量综合等级
一等（优质）
二等（良好）
三等（中等）
四等（差等）
五等（劣等）

琼海—万宁海岸带地区表层土壤质量整体较好，一等（优质）土壤占总面积的 21.42%，分布在琼海市长坡镇、潭门镇、博鳌镇、中原镇和万宁市万城镇等部分地区，这些地区土壤环境清洁，土壤养分较丰富；二等（良好）土壤占总面积的 34.72%，主要分布在北部和中部地区，这些地区土壤环境清洁，土壤养分中等；三等（中等）土壤占总面积的 28.64%，这些地区土壤环境清洁，土壤养分较为缺乏；四等（差等）土壤占总面积的 14.67%，北部四等土壤主要是因为土壤环境为轻微及以上污染，南部四等土壤则主要是因为土壤养分较为缺乏；五等（劣等）土壤占总面积的 0.55%，集中分布在琼海市长坡镇西北角，主要是因为该地为中度污染区，应当给予重视。

6.17 琼海—万宁海岸线变迁遥感解译图

通过岸线遥感解译，结合2021年实测数据统计分析发现，琼海—万宁海岸2010年以前岸线基本保持稳定，2010年后由于兴建养殖塘，人工岸线呈逐年增加趋势，总体上，人工岸线增加约101.53km，而泥质岸线减少约93%，从空间位置和长度上看，两者之间存在着负相关关系，主要是因为在小海和老爷海等泥质岸线的区域围垦建塘、修筑防潮闸等，使泥质岸线变成了人工岸线。其余砂质岸线和基岩岸线基本保持不变。

6.18 琼海—万宁海岸侵蚀脆弱性评估图

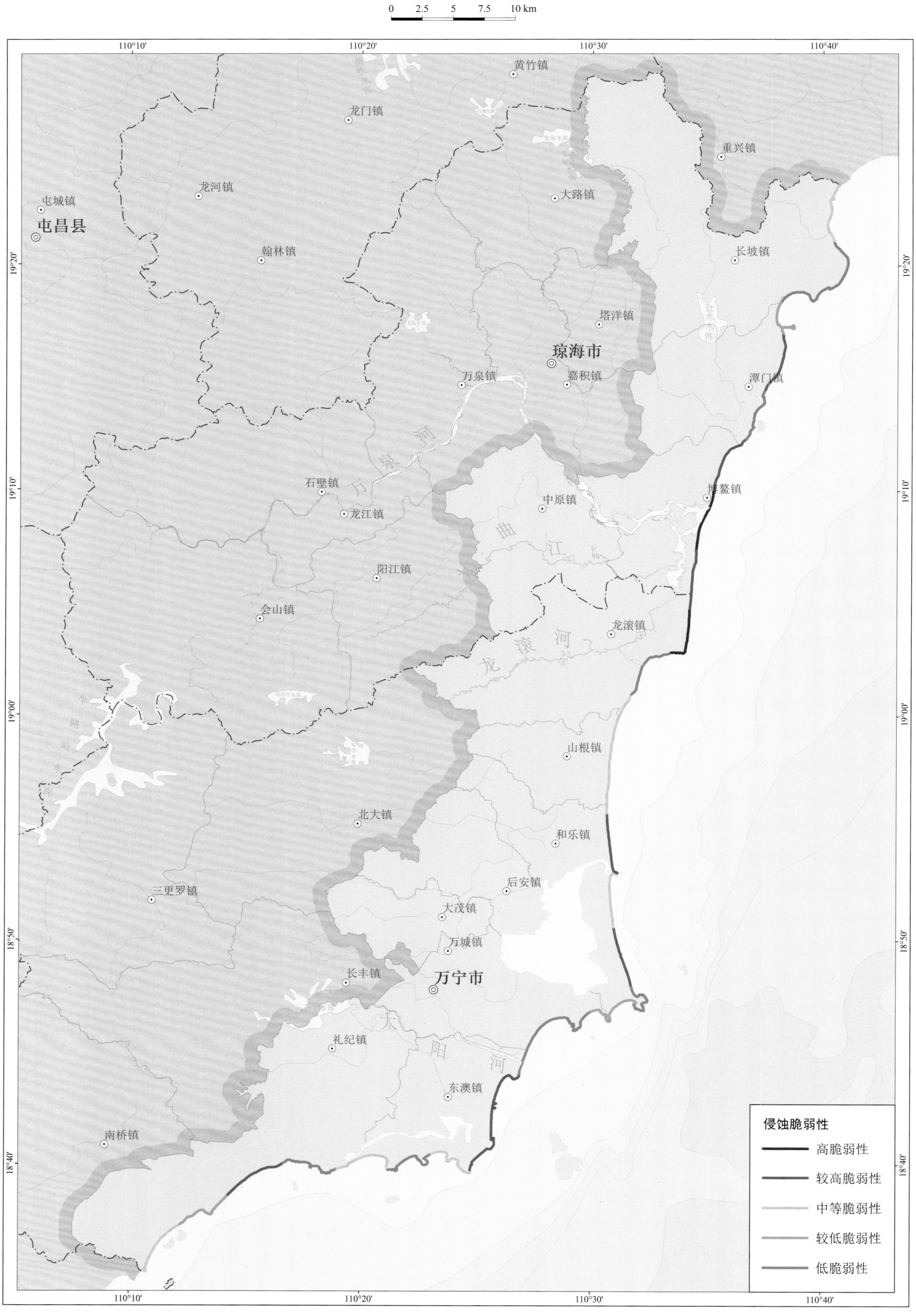
0 2.5 5 7.5 10 km
110°10'
110°20'
110°30'
110°40'
19°20'
19°10'
19°00'
18°50'
18°40'
黄竹镇
龙门镇
重兴镇
龙河镇
屯城镇
大路镇
屯昌县
翰林镇
长坡镇
塔洋镇
琼海市
万泉镇
嘉积镇
潭门镇
万泉河
石壁镇
博鳌镇
中原镇
龙江镇
曲江
阳江镇
会山镇
龙滚镇
龙滚河
山根镇
北大镇
和乐镇
三更罗镇
后安镇
大茂镇
万城镇
长丰镇
万宁市
礼纪镇
太阳河
东澳镇
南桥镇
侵蚀脆弱性
高脆弱性
较高脆弱性
中等脆弱性
较低脆弱性
低脆弱性

通过AHP层次分析法（主观赋权法）和熵值法（客观赋权法）相结合的综合评价方法，确定各指标权重，对琼海—万宁海岸侵蚀脆弱性进行评估。琼海—万宁大部分海岸处于高脆弱性和较高脆弱性状态，其中高脆弱性共6段，较高脆弱性共14段，较高脆弱性以上岸段累计长度在100 km以上，约占琼海—万宁海岸长度的69%；琼海市潭门镇人工岛和万宁市乌场港等地因人为活动影响，海岸侵蚀呈高脆弱性状态，较高脆弱性海岸主要分布在岬湾海岸和外海大部分区域。总体上，琼海—万宁海岸处于较高脆弱性状态。

6.19 琼海—万宁海岸侵蚀淤积灾害强度分布图

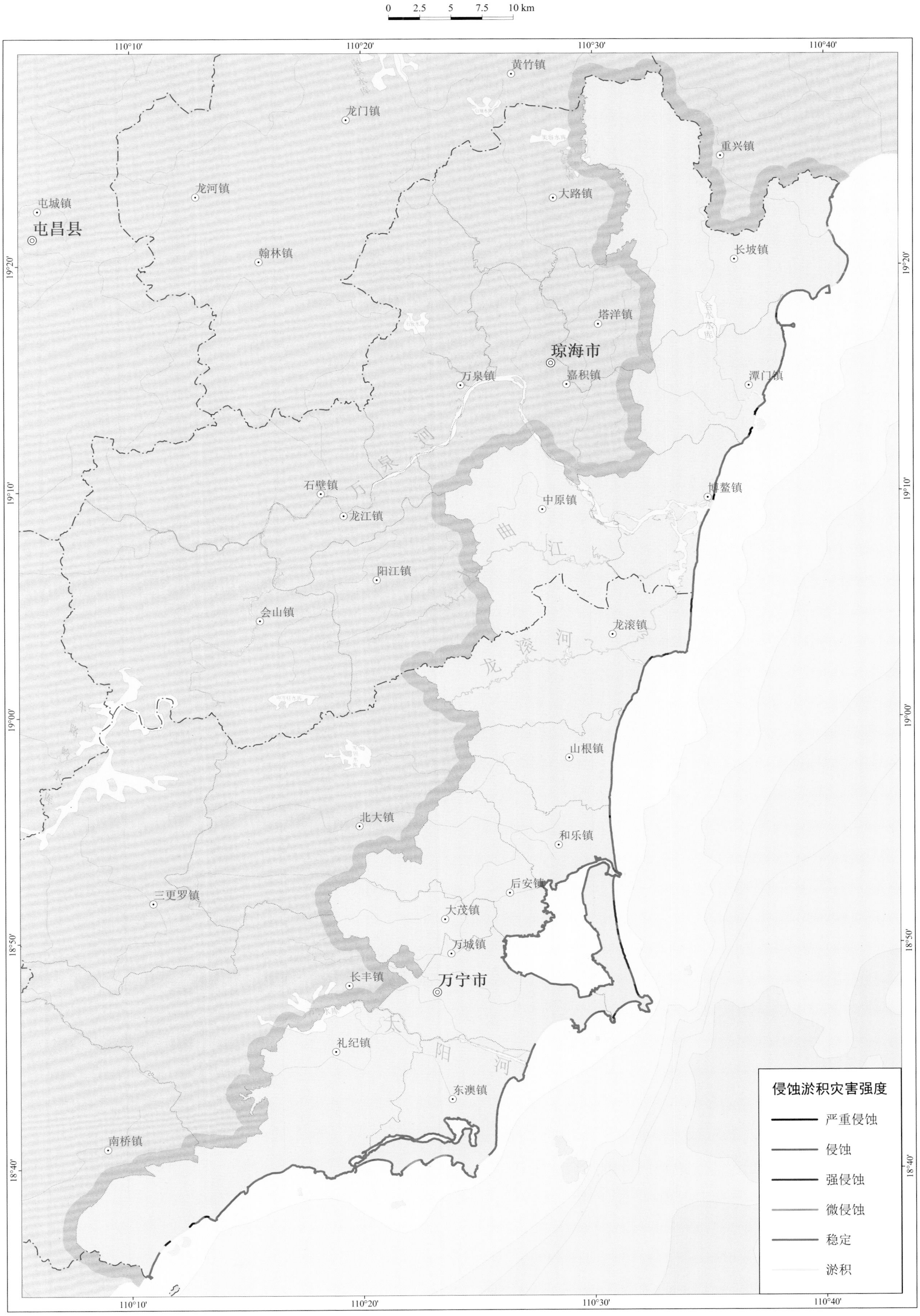

通过对琼海—万宁岸滩剖面进行阶段性测量，总结琼海—万宁岸滩剖面的年际动态变化特征，得出区域内岸线侵蚀强度。选取岸滩下蚀率、岸线后退率和岸滩坡度作为评价要素，采用独立分析方法确定各指标权重大小，通过加权计算将琼海—万宁海岸侵蚀淤积情况分为严重侵蚀、侵蚀、强侵蚀、微侵蚀、稳定和淤积6类，其中严重侵蚀岸段共5段，均位于人工填岛和河口附近；强侵蚀岸段共9段，分布位置与岬角有关，侵蚀和微侵蚀岸段零星分布。

6.20 琼海—万宁海岸侵蚀淤积空间分布图

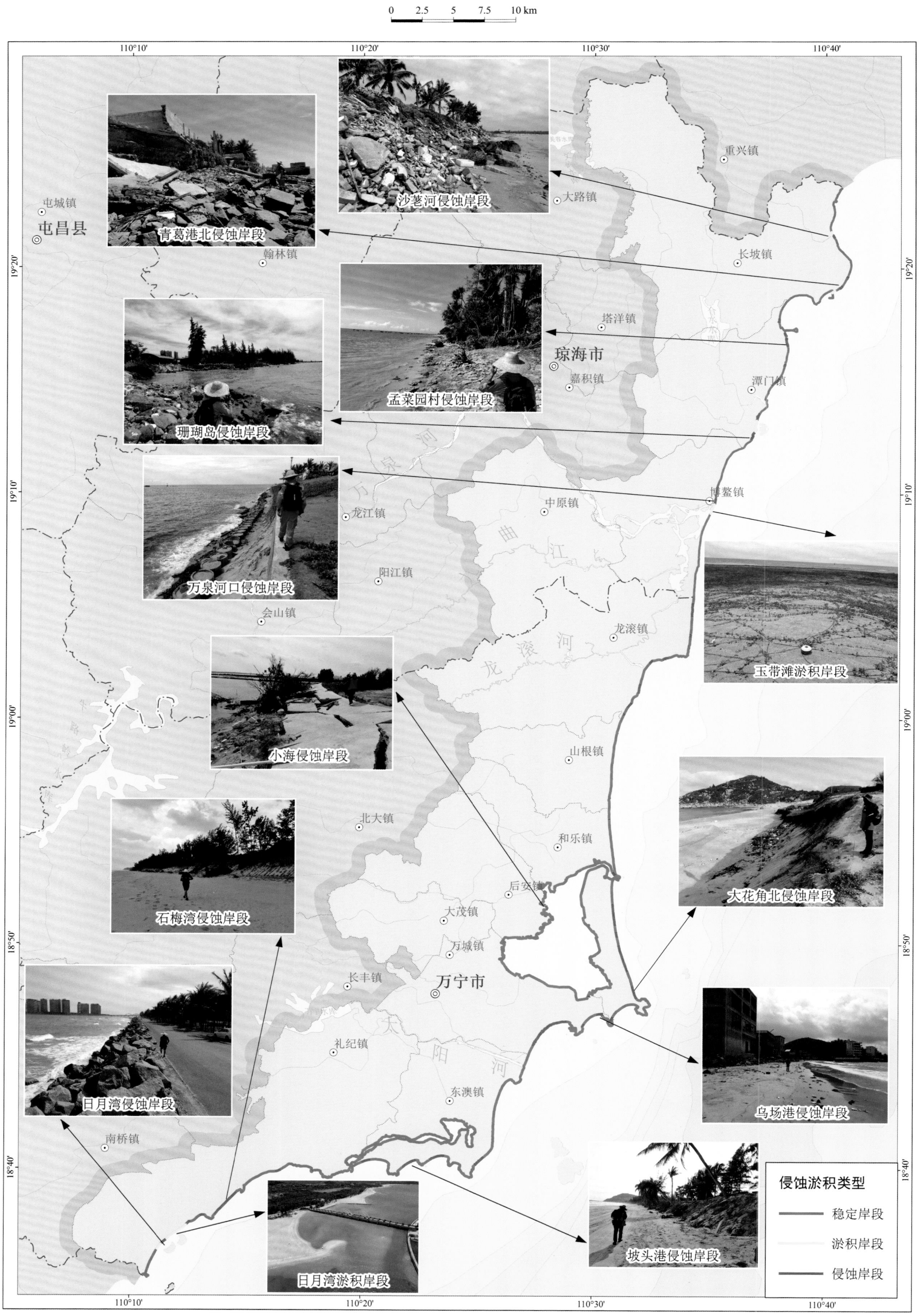

通过侵蚀淤积调查，琼海—万宁海岸侵蚀岸段有37处（琼海9处、万宁28处），淤积岸段有5处（琼海4处、万宁1处）。各侵蚀岸段长度不等，最长侵蚀岸段位于万宁市保定湾，达3.5km，最短的有37m；琼海—万宁侵蚀岸段累计长约26.12km（琼海3.62km、万宁22.5km），约占总岸段的8.58%。淤积岸段累计长约4.95km，约占总岸段的1.63%。琼海—万宁侵蚀岸段大多分布在未开发的自然海岸，未直接对人类造成影响，部分位于人工岛、万泉河口、小海、日月湾、石梅湾等区域，少数岸段因受到侵蚀，岸边建筑、房屋、公路等遭到破坏，目前，珊瑚岛、万泉河口、日岛采取了防护和修复措施。

6.21 琼海—万宁海岸带地区生态环境质量评价图

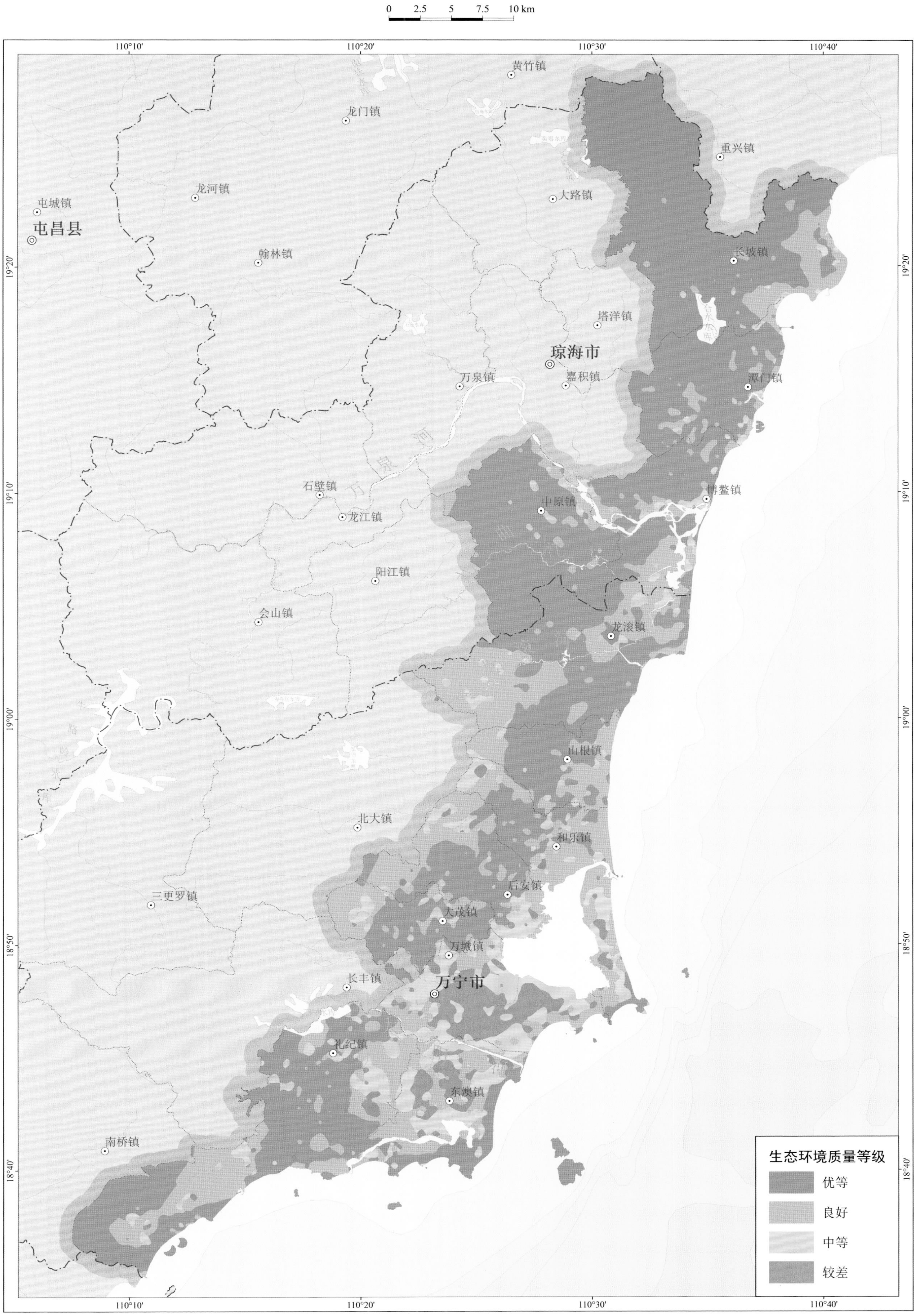
0 2.5 5 7.5 10 km
110°10'
110°20'
110°30'
110°40'
19°20'
19°10'
19°00'
18°50'
18°40'
黄竹镇
龙门镇
重兴镇
龙河镇
大路镇
屯城镇
屯昌县
翰林镇
长坡镇
塔洋镇
琼海市
万泉镇
嘉积镇
潭门镇
石壁镇
中原镇
博鳌镇
龙江镇
阳江镇
会山镇
龙滚镇
山根镇
北大镇
和乐镇
后安镇
三更罗镇
大茂镇
万城镇
长丰镇
万宁市
礼纪镇
东澳镇
南桥镇
生态环境质量等级
优等
良好
中等
较差

本次生态环境质量评价以生态环境地质调查为基础，综合考虑琼海—万宁地区的生态环境和地质环境现状，结合琼海市和万宁市的自然地理条件以及人类活动特征，选取地形地貌、地层岩性、土壤类型、成土母质、土地利用、地表水水质、地下水水质、土壤质量、生态地质问题与地质灾害、人类活动强度、生态系统类型 11 个评价指标因子构建生态环境质量评价体系。利用德尔菲法确定各评价因子的权重，采用 ArcGIS 对研究区生态环境质量进行综合评价。结果显示，人类活动是生态环境质量的主要影响因素，区域内可划分为生态环境质量优等区、良好区、中等区和较差区，其中万宁市万城镇东部小海潟湖区和东澳镇沿海养殖区生态环境质量较差。

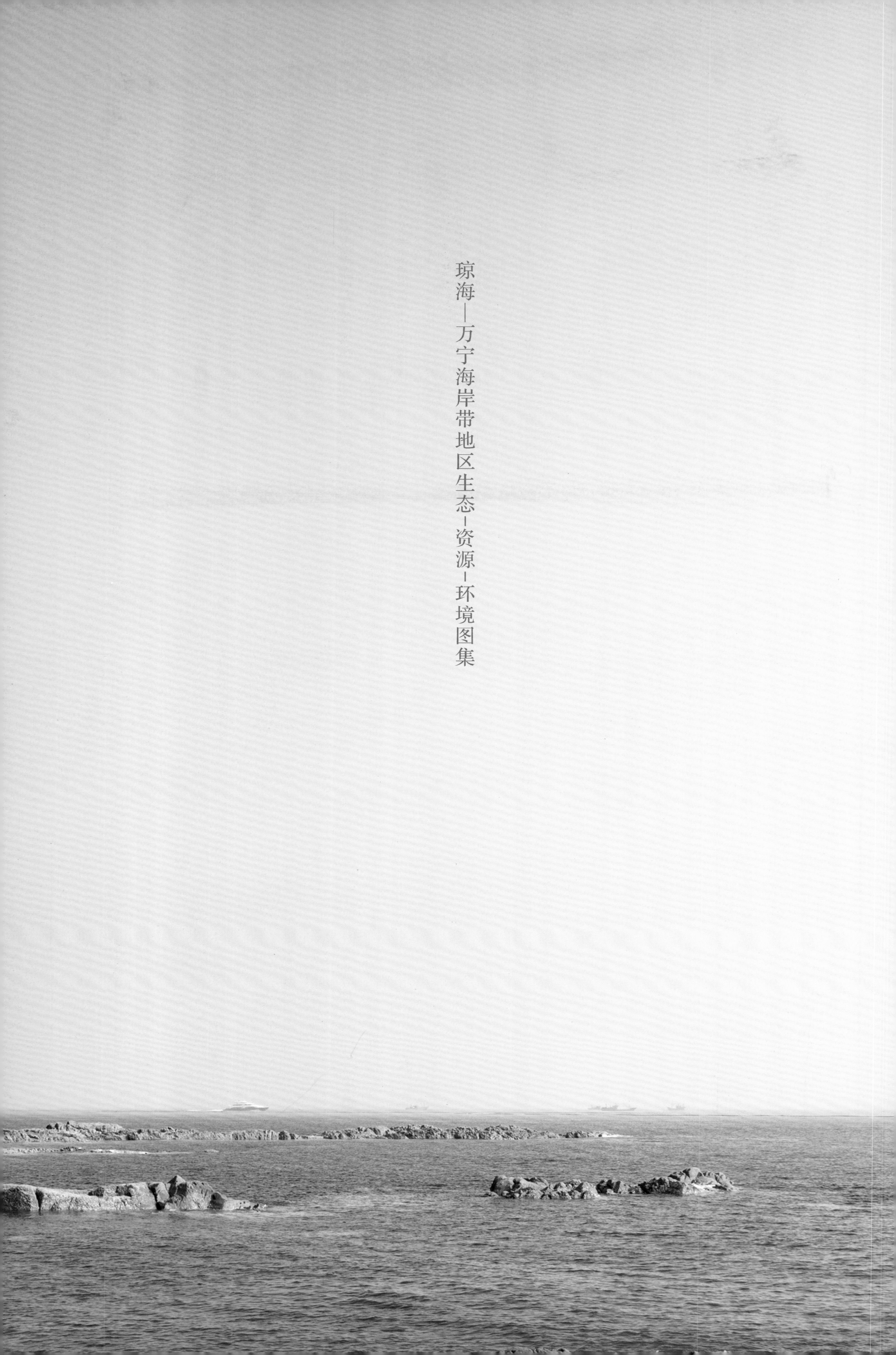
琼海—万宁海岸带地区生态-资源-环境图集